LA TERRE
ET SES PRODUITS

GUIDE PRATIQUE

A L'USAGE

DES CULTIVATEURS, VIGNERONS, MARCHANDS D'ENGRAIS, HORTICULTEURS, ETC.

PAR

GÉRARD

Agriculteur-Industriel à Villeneuve-l'Archevêque (Yonne),
Membre de la Société Nationale d'Encouragement
à l'Agriculture,
de plusieurs Comices, Syndicats et Sociétés d'Agriculture.

EN VENTE CHEZ L'AUTEUR
ET A PARIS
CHEZ M. A. BARÉ, 21, RUE DE TREVISE

1892

LA TERRE
ET SES PRODUITS

GUIDE PRATIQUE

A L'USAGE

DES CULTIVATEURS, VIGNERONS, MARCHANDS D'ENGRAIS, HORTICULTEURS, ETC.

PAR

GÉRARD

Agriculteur-Industriel à Villeneuve-l'Archevêque (Yonne),
Membre de la Société Nationale d'Encouragement
à l'Agriculture,
de plusieurs Comices, Syndicats et Sociétés d'Agriculture.

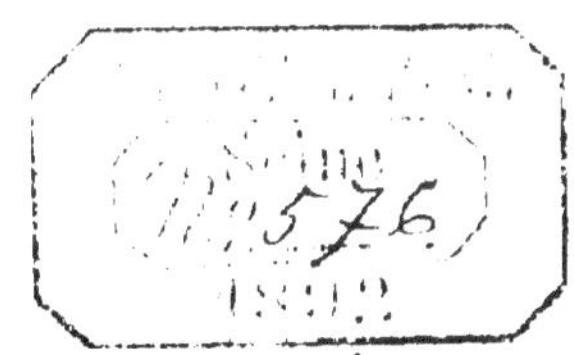

EN VENTE CHEZ L'AUTEUR
ET A PARIS
CHEZ M. A. BARÉ, 21, RUE DE TRÉVISE

1892

AVANT-PROPOS

—

La culture de la terre étant la source la plus vive de la richesse nationale, il importe de savoir en tirer le meilleur parti possible.

Or, si l'on considère les richesses du sol laissées improductives par le défaut de connaissances pratiques, il faut en conclure que l'agriculture laisse échapper chaque année des ressources considérables.

En effet, la plupart de ceux qui travaillent le sol ignorent sa composition, les proportions dans lesquelles les éléments se combinent ou se mélangent, et savent encore bien moins la manière dont les plantes se nourrissent et les matières nutritives qu'il convient de leur donner pour assurer leur meilleur développement.

C'est afin de combler cette lacune que nous, ouvriers de la terre, nous avons formé la résolution de vous présenter sous la forme la plus simple nos observations personnelles, faites sur nos champs d'expérience, lesquelles nous ont donné les résultats les plus satisfaisants et que nous pouvons garantir.

D'autre part, il est important que chacun de vous puisse se rendre compte de l'importance des engrais chimiques, de leur composition, de leur valeur, de leurs effets sur les différentes plantes cultivées, et sur chacun des sols, pour que vous compreniez que leur emploi est non seulement efficace, mais indispensable à tout cultivateur qui veut augmenter ses bénéfices dans des proportions avantageuses.

Cette brochure devant être lue par toutes les intelligences, même les moins favorisées, nous avons écarté autant que possible toute expression technique et scientifique relativement difficile pour nous mettre à la portée de tous, priant nos lecteurs de vouloir bien se montrer indulgents pour les incorrections qui ont été la conséquence de notre langage familier

L'AGRICULTURE

—

« Tant vaut l'homme, tant vaut la terre. »

Dans toute entreprise commerciale, industrielle ou financière, le premier point pour en assurer la réussite est d'établir une base solide, un plan arrêté sur lequel reposent toutes les opérations s'y rattachant.

Pas d'organisation, pas de bon résultat.

Pourquoi n'en serait-il pas de même en agriculture?

Il faut cependant reconnaître que dans la plupart des exploitations, surtout dans la moyenne et dans la petite culture, la routine tient toujours lieu de méthodes.

Sans enseignement d'aucun genre, voué à un état stationnaire, sans assolement arrêté, le travailleur emblave une terre sans se rendre compte si les principes indispensables au développement de la plante ensemencée sont contenus dans le sol. Je ne parle pas ici de la grande culture, pleine d'activité, qui met à profit les méthodes scientifiques dans le traitement du sol et du bétail et au labeur de laquelle est dû l'accroissement de la production agricole.

Les agriculteurs ne sauraient sans ingratitude méconnaître l'intérêt que les pouvoirs publics leur témoignent; c'est à l'initiative personnelle de continuer l'œuvre de la science, en transformant les anciennes méthodes culturales, en réunissant la propriété parcellaire par des échanges afin de pouvoir utiliser les outils perfectionnés.

En développant la production, on trouvera dans le surcroît des récoltes la compensation de l'abaissement des prix. Un grand pays comme le nôtre doit pouvoir se suffire; l'alimentation générale réclame 104 à 105 millions d'hectolitres de blé; dans le plus grand nombre des régions, le pain de froment tend à remplacer le pain de seigle ou de sarrasin; nous sommes loin de produire cette quantité; quand, au contraire, nous devrions en livrer à l'étranger, nous sommes obligés de lui demander notre manquant.

Les moyens d'élever notre production n'ont cependant rien de mystérieux ; l'augmentation en céréales depuis quelques années est de 12 à 15 millions, et cet accroissement est dû à quelques contrées, ou bien à quelques producteurs, et c'est grâce aux engrais chimiques qu'on le doit. Généraliser le procédé est le moyen d'atteindre le but. Et pour cela, que chaque cultivateur se rende bien compte des besoins des plantes et des meilleurs procédés de culture.

Je sais toutes les objections que l'on m'opposera, j'ai été moi-même à l'œuvre au métier, et je sais combien il est pénible de bouquiner après une journée bien remplie : c'est du courage qu'il faut sans doute pour cela ; mais ne vaut-il pas mieux travailler un peu pour avoir beaucoup ? Autant les beautés et les avantages de la science agricole intéressent le cultivateur qui s'y livre ; déjà rompu aux procédés, avide de connaître le métier dans tous ses détails et dans toutes ses applications, il augmente sans cesse ses rendements et admire ses résultats, aussi bien pécuniairement que moralement ; autant celui qui le néglige se décourage et déclare hautement la profession ruineuse.

Le genre de culture à adopter doit varier suivant la qualité du terrain sur lequel on opère et d'après les moyens d'écoulement des produits du rayon où l'on se trouve placé. Aussi, selon que l'on sera à proximité des villes, sucreries, distilleries, ou relégué au fond d'une campagne isolée ayant les transports coûteux, le système de culture devra être approprié.

Malgré toutes ces considérations, on peut en principe déclarer que le but principal est d'arriver à produire beaucoup. Quelle que soit la plante cultivée, que le prix de vente soit élevé ou très bon marché, le prix de revient est incontestablement moins élevé pour un rendement de 40,000 kilogrammes de plantes racines à l'hectare que pour 25,000 kilogrammes, pour 30 hectolitres de blé que pour 15 hectolitres, étant donné que les frais généraux ont été les mêmes.

Pour arriver à ces rendements, que l'on a souvent dit exagérés, rien pourtant de plus facile; les patientes et laborieuses études des chimistes en démontrent clairement les moyens.

BESOINS DES PLANTES

Toutes les plantes se composent de quatorze éléments. Si elles diffèrent entre elles, c'est en raison de l'ordre dans lequel ces éléments sont associés, de leurs proportions; mais toutes contiennent les mêmes, qui sont :

ÉLÉMENTS ORGANIQUES

1º Carbone (charbon pur).
2º Hydrogène (élément de l'eau).
3º Oxygène (élément de l'air et de l'eau).
4º Azote (élément de l'air).

Ces quatre éléments se dissipent en vapeurs, gaz ou fumées, si on brûle la plante.

ÉLÉMENTS MINÉRAUX

5º Acide phosphorique (élément des os).
6º Soufre.
7º Silicium (élément du sable).
8º Chlore (élément du sel de cuisine).
9º Magnésie.
10º Fer.
11º Soude.
12º Chaux.
13º Manganèse.
14º Potasse.

Ces dix éléments restent à l'état de cendres si l'on incinère le végétal.

Il n'y a qu'à mettre à la disposition des végétaux ces quatorze éléments qui les composent pour les faire développer.

Sur ces quatorze éléments, quatre seulement : l'azote, l'acide phosphorique, la chaux et la potasse, ont une importance capitale pour l'agriculture ; les autres sont fournis par l'air et par l'eau (carbone, oxygène, hydrogène), ou par la terre qui en contient en excès, et dont nous ne nous occuperons pas.

Mais il n'y a pas de végétation possible sans ces quatre éléments principaux : « sans azote, sans acide phosphorique, sans potasse et sans chaux »; ces quatre éléments recèlent en eux la force végétative qui, grâce à eux, devient divisible, calculable ; c'est ainsi que l'on peut mesurer en kilogrammes de betteraves, en quintaux de blé, en hectolitres de raisin ou de vin, la quantité de fertilité à laquelle équivaut 1 ou 100 kilogrammes de ces produits réunis. Il suffit donc d'ajouter à la terre, quelle qu'elle soit, la quantité d'azote, de potasse, d'acide phosphorique et de chaux pour lui donner la fertilité nécessaire à une bonne récolte.

En principe, il est incontestable que l'on peut cultiver sur le même terrain, sans interruption aucune, la même plante sans que les rendements diminuent.

Cependant, à moins de circonstances spéciales qui obligent de semer plusieurs fois de suite la même récolte, il est de rigueur, pour le bon fonctionnement de la ferme, d'intercaler le blé, l'avoine, les prairies artificielles, les betteraves, etc.

De là, la nécessité d'arrêter un mode d'assolement.

Suivant les conditions où il est placé, le cultivateur fait dominer dans la rotation tel ou tel produit qui lui est le plus avantageux, en intercalant entre ces diverses récoltes les autres plantes nécessaires au bon fonctionnement de son exploitation, cherchant toujours à rendre l'exécution du travail précise et la préparation du sol avantageuse. Si, par exemple, la culture de la betterave est celle qui donne le plus de bénéfices, il en intercalera le plus possible par chaque période ; si, au contraire, c'est le blé ou la prairie, ces plantes devront dominer ; si la terre est de qualité inférieure, il augmentera, au contraire, les récoltes d'avoine, d'orge, de vesces, de jarras, etc.

Avant de traiter l'assolement, nous allons faire connaître les principales sources d'azote,

de potasse, d'acide phosphorique et de chaux
que l'on peut se procurer dans le commerce.

LE FUMIER

Le fumier de ferme, que bien des gens
considèrent encore comme indispensable,
contient les quatre éléments principaux ne
variant que peu dans leurs proportions : d'où
la nécessité de compléter cette fumure par
les engrais chimiques, suivant que la plante
à ensemencer sera plus ou moins avide
d'azote, de potasse ou d'acide phosphorique.

D'après les différentes analyses qui en ont
été faites, voici à peu près la composition
des fumiers, sans cependant pouvoir rien
préciser, car les variations sont importantes
suivant la nature des aliments et des litières.

	Par 1,000 kilogrammes.			
	Azote.	Acide phosphorique.	Potasse.	Chaux.
Fumier de cheval . . .	6,63	2,34	6,72	5,28
Fumier de vache . . .	3,45	1,27	3,28	2,66
Fumier de mouton . . .	8,24	2,01	7,86	6,62
Fumier de porc	7,81	2,04	16,92	1,69

Pour que le fumier atteigne son maximum
de matières fertilisantes, il faut que l'urine

soit fixée à la masse ; on voit encore dans bien des endroits cette matière s'écouler en pure perte. Il est très facile, cependant, de la recueillir dans les écuries ou la cour. Pour éviter les émanations, on y jette de temps en temps une poignée de sulfate de fer.

On ne saurait trop recommander aux cultivateurs de disposer les tas de fumier de façon à pouvoir recueillir le purin et en arroser souvent les fumiers afin d'en arrêter la fermentation exagérée.

A peine, dans les fumiers, un à deux dizièmes de l'azote total contenu est à l'état nitrique ou ammoniacal, le reste est de l'azote organique, c'est-à-dire qu'avant d'être absorbé par les plantes, il doit passer à l'état ammoniacal et nitrique ; décomposition qui a lieu dans le sol, à la condition qu'il se trouve suffisamment d'air, de chaleur et d'humidité ; on ne peut réunir ces qualités qu'avec de fréquents labours et le marnage ou le chaulage, l'acide phosphorique déjà en faible quantité peut être longtemps avant de produire son effet ; constatons à ce sujet l'obligation d'ajouter aux fumures de fumier de ferme les superphosphates.

Azote.

Les principales sources d'azote sont :
Le nitrate de soude,
Le sulfate d'ammoniaque,
Le nitrate de potasse,
Les matières organiques.

Nitrate de soude.

Le nitrate à l'état de pureté contient dans 100 parties :

Acide azotique. . . $\begin{cases} 16,47 \text{ azote.} \\ 47,06 \text{ oxygène.} \\ 36,47 \text{ soude.} \end{cases}$

Le nitrate de soude nous vient du Pérou ou du Chili où il existe à l'état de conglomérants dans les montagnes de ces pays; avant de nous l'expédier, il a subi certaines préparations qui portent sa pureté à 95 0/0, soit 5 0/0 de matières étrangères. Il est vendu dans le commerce avec la garantie de 15 à 16 0/0 d'azote; d'après plusieurs analyses que nous avons fait faire à différents chimistes, l'analyse varie de 15.23 0/0 à 15.92 0/0.

Sulfate d'ammoniaque.

Le sulfate d'ammoniaque est préparé par la saturation de l'acide sulfurique au moyen de vapeurs ammoniacales obtenues par distillation des eaux ammoniacales des vidanges, des usines à gaz, des eaux-vannes, ou du charbon de terre en produisant le coke : c'est la plus riche matière azotée ; à l'état pur, il contient dans 100 parties :

Acide sulfurique.	60,60
Eau.	13,65
Hydrogène.	4,54
Azote.	21,21

Les matières étrangères qu'il contient varient de 3 à 4 0/0 ; il est vendu dans le commerce avec la garantie de 20 à 21 0/0 d'azote.

On attribue une moins-value au sulfate d'ammoniaque anglais, produit des usines à gaz et contenant, en outre des produits goudronneux, du cru d'ammoniaque.

Nitrate de potasse.

Le nitrate de potasse est obtenu par le nitrate de soude et le chlorure de potass sium, vulgairement connu sous le nom de salpêtre; il contient dans 100 parties :

Oxygène. 39,57
Azote. 13,84
Potasse 46,59

Peu en usage en agriculture, quoique donnant d'excellents résultats; mais à cause de son prix élevé, on le vend ordinairement avec la garantie de 95 0/0 de pureté, soit :

13 à 14 0/0 d'azote,
43 à 45 0/0 de potasse.

MATIÈRES ORGANIQUES

On désigne sous ce nom les matières provenant des animaux ou des végétaux, nous nous occuperons d'abord de celles provenant des animaux.

Tous ces produits, avant d'être assimilés ou absorbés par les plantes, doivent subir dans le sol une certaine décomposition pour se transformer en azote ammoniacal et nitrique. Nous les classerons suivant leur assimilation approximative, la science ne possédant pas suffisamment les moyens de s'en rendre compte.

Sang desséché.

C'est l'engrais organique le plus estimé; on l'obtient dans les abattoirs des grandes villes : Paris, Marseille, Toulouse, Lille; il en vient également de l'étranger, de Russie, d'Amérique, etc.; sa fabrication consiste à coaguler le sang frais ; on emploie pour y arriver le peroxyde de fer, qui est obtenu en mélangeant du sulfate de fer, de l'acide sulfurique et du nitrate de soude. La coagulation est très rapide; la masse ferme et élastique peut se comprimer. Le sulfate de fer employé en nature donne une pâte molle de laquelle l'eau ne peut se séparer. On sèche la masse à l'air ou sur des tourailles.

Il contient environ 10 à 14 0/0 d'azote, suivant qu'il y a plus ou moins d'impuretés et d'humidité.

Viande desséchée.

La chair des animaux est presque aussi riche que le sang; elle contient à l'état frais :

Azote 3,00

Acide phosphorique 0,40

Potasse. 0,40

Le reste est de l'eau.

Dans les usines spéciales, on introduit les chairs destinées à la fabrication des engrais dans des chaudières où elles sont cuites à la vapeur. La graisse qui gênerait la décomposition de l'engrais et qui, du reste, a une grand valeur, surnage au-dessus de la chaudière et se sépare facilement. Le liquide ou bouillon peut être utilisé à la nourriture des porcs.

La viande cuite est séparée des os, puis imbibée d'acide sulfurique; elle est alors pressée ou desséchée dans des étuves sur des planches ou au soleil.

On vend ordinairement ce produit avec la garantie de 8 à 12 0/0 d'azote.

En Amérique, la fabrication des extraits de viande de Liébig produit des quantités considérables de viande mélangée d'os. Ces résidus séchés et moulus arrivent en assez grande quantité en Europe.

Elle produit également avec plus de soins un résidu très apprécié pour la nourriture du bétail. Ces résidus forment une masse compacte qu'on soumet, après les avoir tirés des chaudières, à un nouveau morcellement. Après, on les étend avec beaucoup de soin et de propreté sur des séchoirs spéciaux. Une fois bien sèche, la viande est protégée contre la putréfaction et peut être emmagasinée; plus tard, elle est réduite en poudre et expédiée sur des navires pour l'Europe.

Cette viande, d'un brun clair, est très riche en protéine et en corps gras.

Voici la composition qu'en donne l'analyse :

Humidité.. . . .	6 à 8 0/0
Corps gras.	18 à 20 0/0
Principes nutritifs à base d'azote . . .	70 à 74 0/0
Substances inorganiques.	2 à 3 0/0

Cornes.

A l'état sec, les cornes et sabots peuvent doser jusqu'à 16 à 17 0/0 d'azote.

Les déchets que l'on trouve dans le commerce n'en contiennent pas autant :

La râpure de corne
dose. . . . . . 9 à 11 0/0 d'azote.
Les raclures de sa-
bot. . . . . . . 12 à 13 0/0 —
Les frisures de
corne . . . . . 13 à 15 0/0 —

La poudre désagrégée s'obtient de différentes manières; on met particulièrement
en usage deux procédés.

TRAITEMENT PAR LA VAPEUR SURCHAUFFÉE

L'action de la vapeur surchauffée s'exerce
sur les matières placées dans des autocla-
ves; on la prolonge pendant douze heures;
au bout de ce temps, les substances cornées
sont transformées en une masse élastique et
gélatineuse que l'on dessèche dans des étuves où elles se réduisent en une matière
à cassure vitreuse qu'on passe au moulin.

Cette poudre de corne est d'un gris jau-
nâtre et peut contenir de 13 à 15 0/0 l'azote.

On obtient des résultats analogues en faisant passer un mélange d'air et de vapeur
surchauffée sur la matière placée dans des
étuves chauffées de 150 à 160 degrés.

Ce traitement permet non seulement de

réduire la matière en poudre, mais il a encore pour résultat de modifier et de transformer en un produit partiellement soluble la substance cornée qui était auparavant plus résistante. Aussi l'action dans le sol est-elle beaucoup plus rapide après ce traitement.

L'autre procédé repose sur la torréfaction, qui consiste à chauffer la corne sur des plaques en fonte ou dans des chaudières plates en la remuant vivement, ou encore dans des cylindres tournants; par ce moyen la matière augmente sensiblement de volume, elle dégage une certaine quantité d'eau, devient poreuse et facilement friable et pulvérulente. Il faut éviter dans ce traitement de laisser la matière s'échauffer trop fortement en certains endroits, ce qui produirait un dégagement d'ammoniaque et une carbonisation.

Quand la substance se présente en petits fragments ou en copeaux, un fort séchage sans torréfaction est quelquefois suffisant pour rendre la pulvérisation possible. Par la torréfaction, on modifie la nature physique de la corne et on arrive à une pulvérisation parfaite. Cette extrême division, qui augmente la surface de contact de l'engrais avec la terre, doit faire regarder la corne torréfiée comme étant d'une utilisation beaucoup plus rapide que la corne brute en morceaux. La richesse en azote a, en outre, augmenté par suite du départ de l'eau.

La poudre de corne titre 12 à 15 0/0 d'azote.

Cuir.

On désagrège le cuir par des procédés similaires à ceux que nous venons de décrire pour le traitement des cornes; le cuir désagrégé contient 6 à 9 0/0 d'azote; il est beaucoup moins apprécié que la corne.

Le cuir non désagrégé ne constitue pas un engrais, bien qu'il contienne de 5 à 7 0/0 d'azote, le tanin qui l'imprègne empêchant sa désagrégation.

Chiffons de laine.

La laine pure du mouton est considérée comme composée de deux parties :

1° La laine pure. 46 0/0
2° Le suint et l'humidité. 54 0/0

La laine contient jusqu'à 17 0/0 d'azote et le suint 33 0/0 de sels de potasse.

On emploie exclusivement comme engrais les chiffons de laine provenant des magasins des chiffonniers où ils ont été séparés des chiffons de coton.

On conçoit donc que leur teneur en éléments fertilisants soit très variable, suivant la plus ou moins grande quantité de coton qui entre dans leur composition ; en général, elle varie entre 4 et 8 0/0 d'azote.

Dans certaines contrées, les cultivateurs déposent ces chiffons de laine dans des bassins construits à cet effet, les arrosant d'acide sulfurique à 66 degrés en quantité suffisante pour décomposer la masse, remuant convenablement le tout et séchant avec de l'eau, du phosphate fossile ou de la poudre d'os dégélatinés.

Bourres, poils, plumes.

Comme engrais leur richesse est variable. Diverses analyses ont donné :

Soie de porc.. .   8,50 0/0 d'azote
Débris de fabri-
   que de crin. .   7,25 0/0   —
Bourre de laine. 5 à 6 0/0   —
Plumes. . . . .   8 à 12 0/0   —

Touraillons d'orge.

Constitués par les tigettes qui se détachent de l'orge germée après que cette orge
a été desséchée dans les tourailles, ces résidus conviennent comme engrais et pour la
nourriture des bestiaux quand ils ne contiennent pas trop de poussière.

COMPOSITION

Eau 9,20 0/0
Cendres . . . . .   5,96 —
Azote . . . 3,80 à 5 » —
Acide phosphori-
   que . . . 1,10 à 1,30 —
Potasse. . . . 2 à 2,55 —
Chaux. . . . . .   0,9 —

Débris d'insectes.

Les sauterelles et criquets d'Algérie contiennent :

Azote . . . . . 8 à 14 0/0

Acide phosphori-

    que . . . 1,50 à 2,50 —

Potasse. . . 0,96 à 1,60 —

Chaux . . . 0,91 à 1,52 —

Eau. . . . . 25 à 27 —

Il y a certainement possibilité, en Algérie, d'utiliser les insectes à la fabrication des engrais.

Certaines années, les sauterelles détruites par les indigènes représentent des quantités énormes que l'on enfouit dans la terre ou que l'on brûle.

Les hannetons.

Les hannetons contiennent à l'état frais 3 0/0 d'azote; à l'état sec, 12 à 14 0/0 d'azote. Le syndicat de la Mayenne en a détruit, de 1887 à 1889, plus de 200.000 kilogrammes.

Les chrysalides de ver à soie.

Elles contiennent :

    9 » à 10 0/0 d'azote;

    1,50 à 2 0/0 d'acide phosphorique;

    1 » à 1,50 0/0 de potasse.

Les pains de créton.

Résidus des fonderies de suif contiennent 5 à 6 0/0 d'azote.

Comme azote organique, on peut encore se le procurer dans les tourteaux, quoique moins estimé que celui de provenance animale.

Tourteaux de maïs.

Ils doivent être préalablement dégraissés.
Azote . . . . 6 à 8 0/0

Tourteaux.

Les autres tourteaux sont plutôt employés à la nourriture du bétail. En voici la composition :

	Azote.	Acide phosphorique.	Matières azotées.	Matières grasses
Tourteaux de Lin	5,4	2,15	48	8,20
— d'Œillettes	6,40	3,03	31,90	8 »
— de Colza	5,50	1,75	30,50	14,10
— de Coprahs	4 »	1,30	25 »	»
— de Pavot	5,75	2,25	32,50	10,10
— de Sésame	6,12	1,70	36,50	11,90
— de Coton	3,86	1,62	24,13	10,52
— de Chanvre	5 »	2 »	31,25	»
— d'Arachide	7,51	1,33	45 »	7,80
— de Faine	4,50	»	28,12	4 »
— de Cocotier	3,86	1,12	20,80	9,44
— de Camélia	5,25	2 »	25,70	7,50
— de Palmiste	2,40	1,16	17 »	7,85

Avant de classer les produits contenant l'acide phosphorique, nous croyons devoir donner la composition des engrais de poisson et du guano du Pérou.

GUANO DU PÉROU

Le guano du Pérou en France semble bien abandonné ; sans doute, des fraudes nombreuses ont mis chez nous le commerce de guano à l'index, la culture ne veut plus en entendre parler ; on conviendra, cependant, qu'un raisonnement ayant pour but de rendre responsable un article excellent par lui-même des contrefaçons qui se sont exercées à ses dépens est absolument faux.

Le guano naturel contient sous une forme très assimilable des matières azotées, des matières phosphatées et même de la potasse. Ce dernier élément n'existe pas dans le guano en quantité considérable, mais on pourra toujours en modifier la composition intrinsèque en le mélangeant à d'autres matières fertilisantes.

Les gisements des îles Chinchas étant épuisés depuis longtemps, les approvisionnements nous viennent des îles Lobos, au sud de la côte septentrionale du Pérou, des gisements de Pabellon, de Pinca, de Punta, de Lobos et Huanillos.

Ces guanos sont en grande partie travaillés par l'acide sulfurique, pour rendre soluble l'acide phosphorique et fixer l'ammoniaque; on obtient alors le guano dissous.

On amène, dans une cuvette peu profonde, une certaine quantité de guano; on y ajoute un poids d'acide que l'analyse chimique a fixé, puis, on remue la masse pendant quelques minutes; au bout de peu de temps, la masse obtenue durcit et est alors divisée convenablement.

La richesse du guano du Pérou varie suivant sa provenance de 2 à 12 0/0 et de 5 à 23 0/0 d'acide phosphorique.

ENGRAIS DE POISSON

Les riches gisements de guano du Pérou étant à peu près épuisés, l'industrie s'est chargée de préparer le guano en soumettant les innombrables richesses de la mer, les bandes énormes de poissons qui fréquentent certains parages à des traitements physiques et chimiques pour en faire directement un engrais commercial comparable en tous points au guano du Pérou. L'origine est la même, c'est la mer qui fournit cette excellente matière fertilisante ; seuls, les procédés de préparation ont changé. A la digestion naturelle des poissons par les oiseaux, on a substitué une digestion artificielle et purement mécanique, isolant les propriétés huileuses des poissons et laissant un résidu composé de la chair et des arêtes qui, après différentes manipulations, donnent les engrais de poisson aujourd'hui si connus.

Les poissons existent en abondance sur certaines côtes ; on en prend des quantités énormes, par exemple, autour du banc de Terre-Neuve ; dans les mers polaires, sur les côtes de la Norvège ; en France même, sur le littoral de l'Océan. Une notable partie est destinée à l'alimentation ; la morue, le hareng, la sardine sont préparés en vue de la conservation ; mais ils laissent des déchets qu'on doit utiliser : ce sont les têtes des animaux qui fournissent l'appoint le plus important.

En Amérique, l'industrie des engrais de poisson est très florissante.

Ce sont les neutraden, poissons qui fréquentent les côtes d'Amérique, qui fournissent la matière première de ces fabriques d'engrais.

La pêche de la morue sur les côtes de la Norvège en fournit en abondance. Le corps de la morue est séché sur les rochers pour faire le poisson sec qui se vend principalement en Espagne et aux Indes occidentales, ou bien il est salé et mis dans des tonneaux.

Il ne reste donc plus de la malheureuse morue que la tête et sa colonne vertébrale, ses boyaux et ses déchets. Ce sont ces résidus qui, après diverses manipulations et pulvérisations, fournissent le guano de poisson. On y ajoute des sels de potasse pour faire un engrais complet.

La composition moyenne de ce produit est la suivante :

Azote.	5 à 9 0/0
Acide phosphorique .	5 à 10 0/0
Sulfate de potasse . .	7 à 8 0/0

Pour qu'un guano de poisson soit bon, il faut qu'il contienne le moins d'huile possible, car la matière grasse empêche sa prompte décomposition dans le sol. Pour cette cause peut-être, ou pour des causes analogues, bien des personnes ont essayé cet engrais sans en obtenir les résultats espérés.

ACIDE PHOSPHORIQUE

Les principales sources sont :

Les os,

Les phosphates fossiles,

Les scories de déphosphoration.

Les os.

Les os des animaux sont formés par du phosphate de chaux puisé dans le sol par les plantes, assimilé par les animaux dans l'acte de la nutrition.

Le phosphate des os devrait toujours faire retour à l'agriculture, soit directement, soit après avoir été utilisé par les diverses industries, si l'on voulait appliquer les vrais principes de la restitution au sol des éléments que les récoltes lui enlèvent.

Les os sont une source d'acide phosphorique plus considérable qu'on ne le suppose. D'après MM. Muntz et Girard, la sépulture humaine immobilise en France plus de 60.000 kilogrammes d'acide phosphorique par an, soit deux millions de kilogrammes de phosphate de chaux au titre de 60 à 65.

Si on évaluait, en outre, la quantité d'acide phosphorique que représentent les os provenant de la dépouille des animaux, on arriverait à des chiffres considérables. Voici le poids des squelettes de l'homme et des animaux :

Squelette d'un homme . .	4 à 5	kilog.
— d'un bœuf . . .	45 à 50	—
— d'un cheval. . .	40 à 45	—
— d'un mouton . .	4 à 5	—
— d'un porc . . .	8 à 12	—
— d'un veau . . .	6 à 7	—

On voit de suite combien la vie animale emprunte d'acide phosphorique au sol.

Heureusement que les générations actuelles ont la prévoyance d'exploiter le phosphate accumulé par les générations antérieures pour le restituer au sol ; sans cela, la fertilité de nos terres irait sans cesse en décroissant.

Les os sont formés de deux matières : la matière organique azotée et la matière minérale phosphatée. On comprend que ces deux matières réunies doivent former un engrais naturel de premier ordre.

Os verts.

Les os ainsi dénommés sont ceux qui n'ont subi aucun traitement, aucune préparation. Ils sont produits par les ateliers d'équarrissage, les boucheries et les ménages. Les os d'une dimension suffisante sont livrés à l'industrie, les autres sont généralement livrés aux fabriques de gélatine et aux fabricants d'engrais.

Les os frais contiennent généralement 5 à 6 0/0 d'azote environ, 20 0/0 d'acide phosphorique et 4 0/0 de carbonate de chaux.

Les os constituent un engrais azoté et phosphaté. Mais avant de les employer, il convient de les dégraisser et de les broyer. La forte proportion de la graisse rendrait leur effet moins efficace, en protégeant le tissu contre les actions dissolvantes du sol. On a observé qu'un os non dégraissé n'avait perdu après avoir séjourné dans le sol pendant une année que 8 0/0 de son poids, tandis qu'un os dégraissé avait dans les mêmes conditions perdu 25 0/0. La graisse rend, en outre, difficile l'opération du broyage.

L'opération du dégraissage est assez compliquée; différents procédés sont en pratique; tous s'opèrent après concassage des os par l'eau bouillante sur laquelle la graisse vient surnager. On emploie aussi comme dissolvants la benzine et le sulfure de carbone. La composition des os dégraissés broyés est à peu près celle-ci :

Azote. . . . .   3 à 4,5 0/0
Acide phosphorique . . 20 à 26 0/0
Chaux . . . . 30 à 32 0/0

Farine d'os.

La farine d'os s'obtient comme suit : les os, après avoir été dégraissés, sont passés dans des étuves spéciales, soit dans des fours chauffés à température convenable, soit dans des appareils où pénètrent des vapeurs d'eau sèche et surchauffée afin de les rendre friables, sans toutefois décomposer la matière organique qu'ils contiennent. Cette opération permet de réduire les os sous des meules, en poudre très fine, à l'état de farine.

COMPOSITION MOYENNE

Azote . . . .   4 à 6 0/0
Acide phosphorique. 20 à 30 0/0

Poudre d'os de tabletterie.

Cette poudre provient des fabriques de boutons ou menus objets en os; dans ces fabriques, le travail des os au tour, leur sciage donne une poudre d'os qui ressemble à la sciure de bois; elle est sujette à s'échauffer et contient souvent des matières étrangères.

Sa composition varie :

<blockquote>
de 2,50 à 4,50 0/0 d'azote,
de 20 à 25 d'acide phosphorique.
</blockquote>

Os dégélatinés.

La matière organique des os peut se dissoudre dans l'eau et donner de la gélatine. Cette fabrication est faite sur une grande échelle à Paris et à Lyon.

La poudre d'os dégélatinés s'obtient après que les os ont été dégraissés et soumis dans une autoclave à une digestion dans l'eau sous une forte pression de vapeur, afin d'en extraire la gélatine pour la fabrication de la colle. Les os privés de leur gélatine sont très friables et peuvent alors être réduits en poussière très fine. Ce produit, très riche en acide phosphorique et pauvre en azote,

sert principalement à la fabrication de superphosphates d'os.

La poudre d'os dégélatinés contient :

    1 à 1,50 environ d'azote,
    27 à 30 0/0 d'acide phosphorique.

Cendres d'os.

Dans l'Amérique du Sud on a pendant longtemps tué les bœufs uniquement pour en vendre la peau; les os et la chair étaient abandonnés. Ces hécatombes, jointes à la mort naturelle des animaux, ont accumulé le long de la côte des Andes de grands dépôts d'os de ruminants. Certains de ces dépôts sont exploités; les os sont brûlés jusqu'à ce qu'ils tombent en véritable cendre. On brûle aussi les os dans les immenses abattoirs des pampas, dans les fabriques de conserves et d'extrait de viande. Montevideo est le centre de l'exportation des cendres d'os.

La composition est la suivante :

Charbon et matière organique.	3 à 3,5
Résidu siliceux . . .	21 à 8,50
Phosphate de chaux et de magnésie. . .	66 à 78
Carbonate de chaux.	10 à 9,50

Poudre d'os des Indes.

Depuis quelques années, des industries se sont organisées aux Indes pour ramasser tous les os inutilisés dans ces vastes contrées. Les os sont centralisés dans d'immenses fabriques pour les expédier en Europe après les avoir concassés et moulus à différents degrés de finesse.

Voici l'analyse de divers chargements :

Humidité	8,08
Matières organique	27,05
Acide phosphorique	24,61
Chaux	33,27
Matière insoluble	2,24
Divers	4,75

Noir animal.

Les os carbonisés en vases clos donnent du charbon d'os ; ce charbon a des propriétés absorbantes vis-à-vis des matières colorantes et permet d'effectuer la décoloration et la clarification des jus sucrés. L'industrie sucrière a mis à profit cette aptitude spéciale. Cependant, depuis quelques années, la sucrerie emploie d'autres procédés pour clarifier les jus et la fabrication du noir n'a plus d'activité.

Après avoir servi plusieurs fois en sucrerie, le vieux noir était vendu comme engrais.

Le vieux noir de sucrerie contient de 21 à 30 0/0 d'acide phosphorique et un peu d'azote .

Noir de raffinerie.

Pour raffiner les sucres bruts on les dissout, puis pour clarifier et décolorer les jus on les mélange dans une chaudière chauffée à la vapeur, avec un lait de chaux faible, puis avec 1 0/0 de sang de bœuf défibriné et 3 à 4 0/0 de noir d'os fin. L'albumine est coagulée et se précipite en englobant du jus. Ce précipité est vendu comme engrais sous le nom de noir de raffinerie.

Le noir pur a une composition variant entre les limites suivantes :

Azote.	1,5 à 2 0/0
Phosphate de chaux.	55 à 65 0/0
Carbonate de chaux.	5 à 12 0/0
Résidu siliceux . .	5 à 15 0/0
Eau.	20 à 40 0/0

Phosphate précipité d'os.

En traitant les os débouillis et lavés dans des cuves en bois par l'acide chlorhydrique étendu, marquant environ 5 degrés Baumé, on dissout la matière minérale de l'os ; il reste la matière animale qui conserve la forme de l'os; ce dernier devient très flexible et constitue l'osséine que l'on transforme en gélatine par ébullition dans l'eau. Après divers traitements, on obtient la colle d'os. Les fabriques de colle produisent tous du phosphate précipité d'os.

En effet, les dissolutions acides renferment à l'état soluble tout l'acide phosphorique des os.

On précipite cet acide phosphorique des dissolutions au moyen d'un lait de chaux dont la quantité est réglée suivant la richesse de ces dissolutions.

Il se précipite alors un mélange de phosphate bibasique soluble dans le citrate et de phosphate tribasique insoluble.

Ce produit contient environ de 25 à 38 0/0 d'acide phosphorique.

Les phosphates fossiles.

Longtemps les produits d'os ont été les seuls qui étaient consommés par l'agriculture française.

La découverte des nodules phosphatés de la Meuse et des Ardennes a porté ses fruits. Ces nodules étant réduits en poudre se sont introduits dans la pratique agricole. En raison de leur consommation, des découvertes ont été faites sur différents points de la France et de l'étranger; aujourd'hui nous possédons des ressources suffisantes de phosphate pour des siècles, quelle que fût la consommation de l'agriculture. Il faudrait un ouvrage spécial pour donner un aperçu de tous les gisements de phosphate qui peuvent présenter un intérêt pour le négoce ou pour les consommateurs.

Avant la découverte des phosphates de la Somme et de l'Oise, tous les phosphates connus étaient dans la terre à l'état de pierres ou de roches, mêlés d'argile, ou fragments de coquillages disséminés dans des masses de sable, ou sous tout autre aspect, et nécessitant de coûteuses manutentions.

Il fallait tout d'abord enlever la couche de terre qui les recouvrait et séparer les nodules des matières étrangères; après quoi, celles-ci lavées et séchées ou calcinées au four étaient réduites en poudre impalpable pour être ensuite transformées en superphosphates ou employées nature pour l'agriculture.

Les dépôts de phosphate découverts en 1886 dans la Somme sont certainement les plus riches du monde, si on les envisage comme valeur en argent facilement réalisable. La plupart du phosphate est très riche; il est en amas si considérable que deux ares de terrain renferment quelquefois pour des centaines de mille francs de phosphate, à l'état sableux, ayant souvent vingt mètres de profondeur. Sur certains dépôts les plus riches, le phosphate s'extrait tout aussi bien que du sable.

La Somme produit principalement des phosphates pour l'industrie des superphosphates.

On divise, suivant leurs titres, les phosphates en diverses catégories que nous allons indiquer :

75/80 0/0 de phosphate.
70/75 —
65/70 —
60/65 —
55/60 —
50/55 —

Les titres 55/60 et 50/55 sont vendus à l'agriculture ainsi que les déchets de phosphate 45/50, 40/45 et même 30/40 à de très bas prix, l'industrie ne les transformant pas facilement en superphosphates.

La nature de ces bas titres est ordinairement argileuse; le calcaire ne domine que dans les craies phosphatées. Sans vouloir entrer dans de plus longs détails, nous donnerons la liste des principaux gisements de phosphate de France :

Gisements dits de la Somme.
— du Pas-de-Calais et de Pernes.
— de l'Oise.
— de l'Auxois.
— du Lot.
— de la vallée du Rhône.
— du Nord ou Cambrésis.
— du Vermandois.

Gisements de l'Indre.

—   de la Meuse.

—   des Ardennes.

—   de Tauvel et Sirac.

—   du Cher.

Il ne suffit pas de comparer le prix de l'unité d'acide phosphorique' dans le phosphate et le superphosphate, l'assimilabilité n'étant pas la même. A moins de conditions exceptionnelles telles que : terrains de défrichement, landes, terres tourbeuses, marécageuses, terrains acides ayant besoin de chaux, nous ne conseillons l'emploi du phosphate que comme un engrais d'attente ne devant produire son effet que dans un laps de temps plus ou moins éloigné. Suivant leur provenance, le dosage des phosphates varie depuis 20 0/0 de phosphate jusqu'à 80 0/0.

Scories de déphosphoration.

Ce produit est obtenu dans les usines métallurgiques; c'est un sous-produit de la fabrication du fer ou de l'acier.

Les scories de déphosphoration, telles qu'elles sortent des appareils de production sont en morceaux plus ou moins volumineux ; elles contiennent de 12 à 18 0/0 d'acide phosphorique. Si on les laisse exposées en tas à l'air, elles ont la propriété, par suite de leur richesse en chaux, de se déliter facilement.

La désagrégation des scories par les agents atmosphériques est assez longue. Si donc on veut utiliser les scories en agriculture, on est obligé de les laisser se déliter à l'air, c'est-à-dire d'attendre longtemps et de procéder à des criblages successifs pour obtenir un produit appauvri, grossier, difficile à répandre.

Les usines qui les produisent les livrent finement pulvérisées et débarrassées de la grenaille d'acier. En raison de leur finesse, l'effet est supérieur à celui que l'on obtiendrait si l'on employait les scories simplement délitées ou concassées.

La quantité à employer par hectare est de 2.000 à 2.500 kilos. Comme le phosphate fossile, on ne peut les employer avantageusement que dans les terrains qui manquent de chaux.

POTASSE

Les sels contenant de la potasse que l'on peut se procurer facilement dans le commerce, sont :

Le nitrate de potasse.

Le chlorure de potassium.

Le sulfate de potasse.

Le carbonate de potasse.

Le sulfate double de potasse et de magnésie.

Le kaïnit.

Nitrate de potasse.

Le nitrate de potasse dont nous avons parlé aux produits azotés.

Chlorure de potassium.

C'est sous cette forme que l'on emploie le plus de potasse en agriculture.

Ce produit provient du traitement des cendres de varechs, des eaux mères des marais salins, des résidus de vinasses de distilleries, des suints ou des mines de Stassfurtt en Allemagne. Il est vendu ordinairement sous la garantie de 75 à 95 0/0 de pureté.

A l'état pur, il contient dans 100 parties :
52,47 de potassium,
47,53 de chlore.

TABLEAU DES ÉQUIVALENTS EN POTASSE PURE

Titre pondéral en potasse.	Chlorure de potassium.	Titre pondéral en potasse.	Chlorure de potassium.
1 » 0/0	1,58 0/0	53,80 0/0	85 » 0/0
44,25 —	70 » —	54,33 —	86 » —
47,50 —	75 » —	54,96 —	87 » —
48.13 —	76 » —	55,59 —	88 » —
48,76 —	77 » —	56,22 —	89 » —
49,39 —	78 » —	56,85 —	90 » —
50,02 —	79 » —	57,48 —	91 » —
50,65 —	80 » —	58,11 —	92 » —
51,28 —	81 » —	58,74 —	93 » —
51,91 —	82 » —	59,37 —	94 » —
52,54 —	83 » —	60 » —	95 » —
53,17 —	84 » —		

Sulfate de potasse.

Le sulfate de potasse est produit au moyen du chlorure de potassium, traité par l'acide sulfurique ; celui que l'on trouve dans le commerce contient de 5 à 15 0/0 d'impuretés.

TABLEAU DES ÉQUIVALENTS EN POTASSE PURE

Titre pondéral en potasse.	Sulfate de potasse.	Titre pondéral en potasse.	Sulfate de potasse.
1 » 0/0	1,85 0/0	48,66 0/0	90 » 0/0
46 » —	85,08 —	49,20 —	91 » —
47 » —	86,13 —	49,74 —	92 » —
47,04 —	87 » —	50,28 —	93 » —
48,58 —	88 » —	50,82 —	94 » —
48,12 —	89 » —	51,36 —	95 » —

Sulfate de potasse et de magnésie.

C'est un produit calciné ayant une teneur de 48 0/0 minimum de sel de potasse.

Carbonate de potasse.

Les raffineurs achètent aux distillateurs les salins et les raffinent; ce travail consiste à isoler tous les sels par des dissolutions, évaporations et cristallisations successives. On obtient : 1° du carbonate de potasse raffiné de différents titres et dont voici quelques analyses :

	Pour cent.	Pour cent.	Pour cent.	Pour cent.
Carbonate de potasse. . . .	72,57	77,31	85,21	91,25
Carbonate de soude	15,36	14,74	7,55	2,23
Chlorure de potassium. . .	5,51	3,50	3,02	2,40
Sulfate de potasse.	3,46	2,90	2,20	2,21
Résidu	0,43	0,40	0,43	0,93
Eau	0,70	0,42	0,50	1 »
Phosphate	1,97	1,13	1,09	»

On arrive avec les 90/92 0/0 à avoir du carbonate de potasse presque pur. C'est à l'état de carbonate que la potasse est la plus assimilable, mais coûte fort cher.

TABLEAU DES ÉQUIVALENTS EN POTASSE PURE

Titre pondéral en potasse.	Carbonate de potasse.	Titre pondéral en potasse.	Carbonate de potasse.
1 » 0/0	1,47 0/0	57 » 0/0	83,60 0/0
50 » —	73,34 —	58 » —	85,07 —
51 » —	74,80 —	59 » —	86,54 —
52 » —	76,27 —	60 » —	88 » —
53 » —	77,74 —	61 » —	89,47 —
54 » —	79,20 —	62 » —	90,94 —
55 » —	80,67 —	63 » —	92,40 —
56 » —	82,14 —	64 » —	93,87 —

Kaïnit.

Le kaïnit contient 23 à 25 0/0 de sulfate de potasse; c'est le sel brut tiré des mines de Stassfurtt et moulu.

LA CHAUX

Nous n'entendons pas par la chaux proprement l'action du chaulage ou du marnage, qui est un amendement, mais bien de la chaux employée comme engrais; cette chaux dans un mélange d'engrais présente des inconvénients : elle décompose les sels ammoniacaux, fait perdre une partie de l'azote et passe rapidement dans le sol à l'état de carbonate de chaux; elle est de plus d'un emploi très difficile et dangereux. Le sulfate de chaux est bien plus soluble, n'est pas nuisible sur les autres éléments et d'un emploi facile.

SULFATE DE FER

Le sulfate de fer est maintenant un produit courant dans le commerce des engrais; nous donnons quelques détails sur sa fabrication.

Le sulfate de fer connu sous le nom de vitriol vert, de couperose verte, est surtout utilisé en industrie. Il sert à obtenir l'encre; c'est le principal ingrédient de la teinture en noir, en gris, en olive, en violet; c'est avec lui qu'on monte les cuves d'indigo à froid, qu'on prépare le bleu de Prusse, le colcotar, etc., etc.

Le sulfate de fer pur se présente en gros prismes, rhomboïdiaux obliques, transparents d'un beau vert d'émeraude; il est légère-ment efflorescent, et, à la longue, il se couvre de teintes d'un jaune rougeâtre dues à une suroxydation du protoxyde de fer.

Voici sa composition moyenne :

	Sulfate de fer.	Sulfate de fer cristalisé.
Acide sulfurique.	52,63	29 »
Protoxyde de fer.	47,37	25,42
Eau combinée.	» »	45,58

On prépare le sulfate de fer en grand dans plusieurs départements en lessivant les terres pyriteuses effleuries au contact de l'air. Cette fabrication du sulfate de fer se fait en même temps que celle de l'alun.

On peut aussi préparer le sulfate de fer directement, en traitant les vieilles ferrailles par l'acide sulfurique ne marquant que 20 à 25 degrés.

SULFATE DE CUIVRE

On obtient le sulfate de cuivre, comme le sulfate de fer, avec du cuivre au lieu de fer; depuis quelques années il est très employé dans le vignoble pour combattre les maladies cryptogamites de la vigne. Il possède une saveur stypique prononcée fort désagréable qui excite la salivation.

Il se dissout dans quatre parties d'eau froide ou dans deux parties d'eau bouillante.

Voici sa composition :

Oxyde de cuivre .	31,84 0/0
Acide sulfurique .	32,06 0/0
Eau combinée . .	36,10 0/0

Ce sel est souvent additionné de sulfate de fer dont le prix est beaucoup moins élevé; on reconnaît sa pureté en prenant une pincée de l'échantillon à essayer; la faire fondre dans un verre propre avec de l'eau claire; on ajoute quelques gouttes d'ammoniaque. Si le sulfate est pur, on obtient une magnifique coloration bleue absolument limpide; si l'échantillon contient du sulfate de fer, la coloration bleue sale, foncée au premier moment, s'éclaircira un peu en laissant déposer au fond du verre une matière floconneuse bleu noir, sale, tandis que le liquide qui surnagera aura la belle couleur bleue du sulfate de cuivre traité à l'ammoniaque.

SUPERPHOSPHATE

La fabrication du superphosphate a pour but de rendre l'acide phosphorique contenu dans les phosphates d'une assimilabilité beaucoup plus grande. Le nom varie suivant l'emploi du phosphate qui sert de base.

On dit superphosphate d'os ou superphosphate minéral, suivant la nature du produit traité par l'acide sulfurique. L'action de l'acide sulfurique détermine une transformation chimique et forme du sulfate de chaux qui reste incorporé à la masse. Il existe aujourd'hui en France de nombreuses fabriques de superphosphates; voici la manière d'opérer : on verse dans un malaxeur une certaine quantité de phosphate de chaux, en même temps un autre ouvrier y introduit la quantité d'acide sulfurique nécessaire pour solubiliser le phosphate; on laisse remuer convenablement le tout pendant quelques minutes, après quoi la masse devient presque liquide; on la retire et on laisse sécher. Au bout de quelques semaines, on passe dans un broyeur afin de diviser le produit le plus possible.

Pour obtenir le superphosphate soluble dans l'eau, on doit employer du phosphate contenant le moins possible d'oxyde de fer et d'alumine, et la masse en tombant du malaxeur ne doit pas être exposée à l'air avant douze heures.

Ce travail ne peut être fait convenablement que mécaniquement dans les superphosphates minéraux surtout; les vapeurs qui se dégagent au contact de l'acide sulfurique gênent les manœuvres. En outre, plus la quantité sur laquelle on opère est importante, mieux le travail est assuré. Dans les usines bien installées, on peut malaxer avec deux ou trois hommes 40 à 50.000 kilogrammes en dix heures, et on peut obtenir un demi à 1 0/0 de phosphate insoluble comme maximum.

La quantité d'acide à employer varie suivant la nature du phosphate et sa composition; ainsi, pour 100 kilogrammes de phosphate 60/65 0/0 de l'Auxois, il faut 105 kilogrammes d'acide sulfurique; avec un phosphate du même dosage provenant de l'Oise ou de la Somme, 95 kilogrammes suffisent. On opère de la même façon pour les os dégélatinés, farines d'os, cendres d'os, poudre d'os verts, toujours en variant les quantités d'acide suivant le produit à traiter.

On fabrique de la même façon le produit dénommé phospho-guano, engrais composé, etc. Quand il entre dans cette composition des matières organiques, sang, corne, viande, etc., la valeur de ce produit est supérieure au même mélange fait à la pelle avec du superphosphate qui était fabriqué; les matières organiques, ayant été introduites dans le malaxeur en même temps que l'acide sulfurique, sont d'une assimilabilité . bien plus grande dans le sol.

Tout acheteur d'engrais doit, en passant un marché, exiger **du vendeur la garantie écrite : d'azote, si c'est de l'azote nitrique, ammoniacal ou organique; le dosage en acide phosphorique soluble;** ne pas hésiter d'en faire faire l'analyse; la prise d'échantillon doit avoir lieu au moyen d'une sonde, et procéder sur le plus grand nombre de sacs possible (en haut, au milieu, en bas), environ deux ou trois kilogrammes.

On mélange aussi exactement que possible le tout sur une toile ou une table et on remplit du mélange intime les flacons que l'on bouche bien et que l'on recouvre de cire sur laquelle on appose les cachets. Les phosphates fossiles sont vendus avec la garantie de phosphate; nous donnons, ci-dessous, le tableau pour convertir chaque unité de phosphate en acide phosphorique et réciproquement :

Acide phosphorique.	Phosphate.	Acide phosphorique.	Phosphate	Phosphate.	Acide phosphorique.
1	2,18	23	50,34	40	18,330
2	4,35	24	52,42	41	18,788
3	6,54	25	54,50	42	19,246
4	8,70	26	56.68	43	10,694
5	10,90	27	58,86	44	20,152
6	13,08	28	61,04	45	20,610
7	15,26	29	63,22	46	21,068
8	17,44	30	65,40	47	21,526
9	19,60	31	67,58	48	21,984
10	21,80	32	69,76	49	22,442
11	23,98	33	71,94	50	22,900
12	26,16	34	74,12	51	23,358
13	28;34	35	76,30	52	23,816
14	30,52	36	78,48	53	24,274
15	32,80	37	80,66	54	24,728
16	34,90	38	82,84	55	25,186
17	37,16	39	85,05	56	25,644
18	39,34	40	87,20	57	26,102
19	41,52	41	89,38	58	26,560
20	43,70	42	91,56	59	27,018
21	45,88	43	93,74	60	27,476
22	48,06	44	95,92	61	27,934
				62	28,392
				63	28,850
				64	29,308
				65	29.766

On trouve dans plusieurs produits des côtes de la mer des matières minérales. Voici leur composition :

	Humidité.	Matières organiques.	Azote.	Potasse.	Acide phosphorique.	Cendre totale.
	0/0	0/0	0/0	0/0	0/0	0/0
Algues.	11,80	70,20	0,89	0,72	0,14	18 »
Coquilles.	1,80	7,5	0,08	0,11	0,10	92,20
Étoiles de mer. .	1,80	35 »	1,92	0,16	0,45	62,70
Coquilles de buccin ondé (1) . .	3 »	52,01	3,40	0,18	0,16	44,90
Polypenstielle artularià.	4,80	38 »	3,23	0,35	0,67	57,20
Coquilles de rochers de mer (2)	27,70	78,20	10,56	0,48	0,40	14,10

*
* *

Le succès de la culture dépend en totalité
des proportions dans lesquelles les éléments
sont offerts à la plante; pour régler ces
proportions, il suffit de connaître le besoin
des plantes. Il en résulte que, pour entretenir la fertilité d'une terre, il faut lui restituer chaque année les éléments qu'elle a
fournis. Au moyen de tables que nous pu-
blions ci-contre, on peut s'en rendre compte
en représentant la moyenne, pour chaque
élément contenu dans *1000 kilogrammes*, de
la matière fraîche ou sèche; la composi-

---

(1) Coquilles univalves en forme de cornet que l'on trouve sur
nos côtes; appartiennent à l'ordre des gastéropodes.
(2) Genre de mollusques gastéropodes; coquille ovale ou oblongue.

tion des récoltes pouvant varier dans d'assez grandes limites, les chiffres donnés ne représentent la composition réelle d'aucun végétal ; leur utilité est de calculer les éléments à restituer au sol ou à lui fournir avant l'ensemencement.

Composition moyenne calculée pour 1000 kilogrammes.

FOURRAGES SECS

	Azote.	Acide phosphorique.	Potasse.	Chaux.
Foin de prairie	13,10	4,10	17,10	7,70
Foin de prairie très mûr. .	»	2,90	5 »	8,50
Trèfle rouge	21,30	5,60	19,50	19,20
Trèfle blanc	23,80	8,50	10,60	19,40
Trèfle hybride	24,50	4,70	15,76	14,80
Luzerne	23 »	5,10	15,20	28,70
Esparcette	21,30	4,70	17,90	14,80
Vesces vertes	22,70	9,40	30,90	19,10
Avoine verte	»	5,10	24,10	4,10

FOURRAGES VERTS

	Azote.	Acide phosphorique.	Potasse.	Chaux.
Herbe de pré en fleur. . .	4 »	1,50	6 »	2,70
Jeune herbe	5 »	2,20	11,60	2,20
Ray-Grass.	5,70	1,70	5,30	1,60
Tymotée-Grass	5,40	2,30	6,10	2 »
Avoine en tuyaux.	»	1,40	7,10	1,20
Avoine en fleur.	3,80	1,40	6,50	1,10
Blé en tuyaux	»	1,70	7,80	1,10
Blé en fleur	»	1,60	5,60	0,70
Seigle en fourrage	4,30	2,40	6,30	1,20
Millet Moka	4 »	1,30	8,60	2,50
Orge en tuyaux.	»	2,30	8,60	1,60
Orge en fleur.	3,60	2,20	5,20	1,40

	Azote.	Acide phosphorique.	Potasse.	Chaux.
Trèfle rouge	5,90	1,30	4,60	4,60
Trèfle blanc	5,60	2 »	2,40	4,30
Trèfle hybride	»	1 »	3,50	3,20
Luzerne	7,20	1,50	4,50	8,50
Esparcette	5,10	1,20	4,60	3,70
Vesces vertes	4,80	2 »	6,60	4,10
Pois verts	5,10	1,80	5,60	3,90
Colza vert	5,10	1,20	4,40	3,10
Maïs fourrage.	3,20	0,70	2,40	1,20
Sarrasin	5,10	1,10	4,30	6,60

PLANTES RACINES

	Azote.	Acide phosphorique.	Potasse.	Chaux.
Pomme de terre.	3,20	1,80	5,60	0,20
Topinambour	3,20	1,60	6,70	0,40
Betteraves fourragères. . .	1,70	0,80	4,30	0,40
Betteraves à sucre.	1,60	1,10	4 »	0,50
Turnesps.	1,60	1 »	3 »	0,80
Navets	1,30	1,10	3,10	0,80
Choux-raves	2,50	1,40	4,90	0,90
Carottes	2,10	1,10	3,20	0,90
Têtes de betteraves à sucre	2 »	0,80	1,90	0,60
Chicorée.	2,50	1,50	4,20	0,90

FEUILLES EN PARTIE HERBACÉE DES PLANTES RACINES

	Azote.	Acide phosphorique.	Potasse.	Chaux.
Pommes de terre fin août.	6,30	1 »	2,30	5,10
— fin octobre.	4,90	0,60	0,70	5,50
Betteraves à fourrage. . .	3 »	0,80	4,30	1,70
— à sucre.	3 »	1,30	4 »	3,60
Turnesps.	3 »	1,30	3,20	4,50
Choux-raves	3 50	2,60	3,60	8,40
Carottes	5 10	1,20	3,70	8,60
Chicorée.	»	1,70	11,20	2,70
Choux blancs	2,40	2 »	6 »	1,90
Trognons de choux.	1,80	2,40	5,10	1,30

PAILLES

	Azote.	Acide phosphorique.	Potasse.	Chaux.
Blé d'hiver.	3,20	2,30	4,90	2,60
Seigle d'hiver.	2,40	1,90	7,60	3,10
Épeautre d'hiver	3,20	3 »	5,30	2,30
Seigle d'été.	2,50	3,10	11,10	4,40

	Azote.	Acide phosphorique.	Potasse.	Chaux.
Orge....................	4,80	1,90	9,30	3,30
Avoine.................	4 »	1,80	9,70	3,60
Maïs...	4,80	3,80	16,60	5 »

BALLES

	Azote.	Acide phosphorique.	Potasse.	Chaux.
Blé. . . .	7,20	4 »	8,40	1,90
Épeautre. . .	4,60	6 »	7,90	2 »
Orges (Barbes) . .	4,80	2,40	9,40	12,70
Avoine	6,40	0,20	10,40	7 »

GRAINS ET GRAINES DE PLANTES AGRICOLES

	Azote.	Acide phosphorique.	Potasse.	Chaux.
Blé. . . .	20,80	8,20	5,50	0,60
Seigle. . .	17,60	8,20	5,40	0,50
Orge. . . .	16 »	7,20	4,80	0,50
Avoine. . .	17,90	5,50	4,20	1 »
Épeautre velu. .	16 »	7,20	6,20	0,90
Maïs. . . .	16 »	5,50	3,30	0,30
Sorgha. . .	»	8,10	4,20	0,20
Sarrasin . . .	14,40	4,40	2,10	0,50
Colza. . . .	31 »	16,40	8,80	5,20
Lin. . . .	32 »	13 »	10,40	2,70
Chanvre. . .	26 »	17,50	9,70	11,30
Pavot. . .	28 »	16,40	7,10	18,50
Moutarde. . .	»	14,70	6 »	7,10
Betterave. . .	»	7,60	9,10	7,60
Navet. . .	»	14,10	7,70	6,10
Carotte. . .	»	11,80	14,30	29 »
Pois.. . .	35,80	8,80	9,80	1,20
Vesces . . .	44 »	7,70	6,30	0,60

ENGRAIS

	Azote.	Acide phosphorique.	Potasse.	Chaux.
Fumier d'étable . . .	5 »	3,20	6,80	6,80
— frais	4,50	2,10	6 »	5,70
— à demi consommé desséché. . . .	5 »	3,50	7 »	7,50
— à demi consommé.	5,80	3,40	5 »	9,80
Purin. . . .	1,50	0,10	4,90	0,30
Excréments humains frais.	10 »	10,90	2,50	6,20
Urine humaine fraiche. . .	6 »	1,70	2 »	0,20

Nous avons passé en revue les matières fertilisantes et donné par ces tables un aperçu général des besoins des plantes ou mieux des éléments qu'elles contiennent.

Reste le sol à étudier au même point de vue pour savoir ce qu'il contient. Dans la pratique, cette question présente de grandes difficultés, est fort contense pour le cultivateur et les conclusions à en tirer ne peuvent être précises; les éléments contenus dans le sol peuvent être assez bien déterminés par l'analyse, du moins les plus essentiels; ce qu'il est difficile de déterminer, c'est la partie utile, efficace, sur laquelle le cultivateur peut compter, et celle dont il n'a rien à attendre dans le cours de son entreprise. D'après les analyses qui ont été faites par plusieurs chimistes compétents, on peut presque constater que la plupart des terres ont *défaut d'acide phosphorique;* d'autre part, il n'y a jamais d'inconvénient d'en fournir surabondamment à aucune plante, celle-ci n'utilisant que ce qui est nécessaire à son développement. Sous le rapport de l'azote, les hommes compétents s'accordent à reconnaître que les plantes puisent environ la moitié de l'azote dont elles ont besoin dans l'air; en outre, il y a de grands dangers de l'employer en excès, on ne devra en user qu'avec prudence.

Avant de traiter isolément la culture de chaque plante, nous allons présenter quelques notions sur les assolements; ce sont eux qui nous donneront la classification des plantes devant se succéder sur le sol.

DES ASSOLEMENTS

La plupart des assolements ont été adoptés après de longs tâtonnements et se transmettent de père en fils sans modification. Quelle sottise! Un assolement qui a fait la prospérité d'une ferme, peut ne plus donner que de maigres résultats.

Il faut que le cultivateur puisse le modifier à son gré, suivant les circonstances où il se trouve placé, circonstances qui varient suivant le développement que prend dans chaque rayon telle ou telle industrie, ou qu'une plante procure plus de bénéfices qu'une autre. Dans l'assolement, il faut tenir compte que certaines plantes cultivées indéfiniment arriveraient à ne plus donner un rendement rémunérateur; en outre, le travail du sol s'effectuerait difficilement dans des conditions convenables : « *Toutes les plantes épuisent le sol, chacune a ses préférences plus ou moins marquées sur les éléments qui contribuent à sa fertilité : donc la nature de cet épuisement varie suivant la plante cultivée. Certaines s'alimentent plus que d'autres dans l'atmosphère, les unes puisent leur nourriture à la surface du sol et d'autres à une certaine profondeur. Chaque espèce exige ses aliments particuliers et elle ne donne son maximum de rendement qu'à la condition de trouver ces éléments dans le sol à l'état qui lui convient.* » On devra autant que possible varier la succession des plantes, tout en conservant sur la propriété par chaque révolution un intervalle suffisant pour la luzerne, par exemple, qui ne peut être semée au même endroit qu'après un espace de temps double de sa durée, à moins d'employer des quantités de potasse et de superphosphates ; l'alternance des cultures permet de faire porter l'épuisement sur les diverses couches du sol ; dans ce cas il est moins rapide. Afin d'éviter le développement des mauvaises herbes, on doit pouvoir

. périodiquement nettoyer le sol; on inter-
cale à cet effet une plante sarclée après une
prairie ou un blé n'ayant pu recevoir les
façons voulues.

Nos ancêtres avaient compris déjà cette
nécessité en laissant la terre en jachère, ce
qui permettait de pouvoir la nettoyer convenablement. L'assolement triennal reposant
sur la jachère est abandonné dans tous les
pays de culture avancée; c'est un progrès à
constater, car le repos de la terre est une
pure perte, puisqu'on possède tous les moyens
de lui conserver sa fertilité.

Il y a toujours avantage à faire succéder
une plante à racines pivotantes à une plante
à racines superficielles, une céréale qui prend
son azote dans le sol à une légumineuse qui
le prend dans l'atmosphère; une plante exigeant l'acide phosphorique après une exigeant la potasse, une luzerne qui va cher-
cher dans le sol les éléments qui y sont
parvenus par les cultures précédentes, par
l'entraînement des eaux qui ont traversé
les couches supérieures.

On emploie ordinairement le fumier en
ouvrant une rotation et on donne chaque

année à la plante que l'on cultive l'engrais qui lui est approprié (superphosphate, azote ou potasse), à la condition de donner dans toute la durée de l'assolement au moins autant d'acide phosphorique, de potasse et de chaux que les récoltes en ont enlevé et près de la moitié de l'azote qu'elles contiennent.

Étant données ces conditions, nous allons examiner différents assolements.

ASSOLEMENT

Tout mode d'assolement peut s'approprier à plusieurs terrains.

L'assolement se compose de quatre parties, qui sont : l'assolement, les soles, la rotation et la révolution.

L'assolement est l'ordre de succession à donner aux plantes que l'on cultive sur une certaine quantité de terre, divisée en plusieurs parties appelées pièces, qui doivent produire chaque année différentes récoltes dont la nature et la quantité de chacune d'elles forment l'assolement.

Les soles de chaque année sont la quantité de terrain que forme la réunion de plusieurs pièces ensemencées de la même sorte de plantes.

La rotation est le temps ou le nombre d'années que met la plante à revenir sur le même terrain.

La révolution est la réunion de toutes les pièces de terre de la même exploitation appelées à produire les mêmes récoltes dans un nombre d'années déterminées.

Si les terrains sont trop divisés, on réunit plusieurs parties pour faire une pièce, de manière que les pièces se trouvent à peu près égales.

Ci-contre Tableau d'assolement supposé sur terres de bonne qualité.

TABLEAU D'ASSOLEMENT AVEC UNE RÉVOLUTION DE DOUZE ANNÉES

ANNÉES DES RÉCOLTES	PIÈCE N° 1.	PIÈCE N° 2.	PIÈCE N° 3.	PIÈCE N° 4.	PIÈCE N° 5.	PIÈCE N° 6.
1re	Luzerne.	Luzerne.	Luzerne.	Blé.	Avoine.	Betteraves.
2e	Luzerne.	Luzerne.	Blé.	Avoine.	Betteraves.	Blé.
3e	Luzerne.	Blé.	Avoine.	Betteraves.	Blé.	Sainfoin, Trèfle, Vesces.
4e	Blé.	Avoine.	Betteraves.	Blé.	Sainfoin, Trèfle, Vesces.	Blé.
5e	Avoine.	Betteraves.	Blé.	Sainfoin, Trèfle, Vesces.	Blé.	Avoine.
6e	Betteraves.	Blé.	Sainfoin, Trèfle, Vesces.	Blé.	Avoine.	Betteraves.
7e	Blé.	Sainfoin, Trèfle, Vesces.	Blé.	Avoine.	Betteraves.	Blé.
8e	Sainfoin, Trèfle, Vesces.	Blé.	Avoine.	Betteraves.	Blé.	Luzerne.
9e	Blé.	Avoine.	Betteraves.	Blé.	Luzerne.	Luzerne.
10e	Avoine.	Betteraves.	Blé.	Luzerne.	Luzerne.	Luzerne.
11e	Betteraves.	Blé.	Luzerne.	Luzerne.	Luzerne.	Blé.
12e	Blé.	Luzerne.	Luzerne.	Luzerne.	Blé.	Avoine.

PIÈCE N° 7.	PIÈCE N° 8.	PIÈCE N° 9.	PIÈCE N° 10.	PIÈCE N° 11.	PIÈCE N° 12.	ANNÉES DES RÉCOLTES
Blé.	Sainfoin, Trèfle, Vesces.	Blé.	Avoine.	Betteraves.	Blé.	1er
Sainfoin, Trèfle, Vesces.	Blé.	Avoine.	Betteraves.	Blé.	Luzerne.	2e
Blé.	Avoine.	Betteraves.	Blé.	Luzerne.	Luzerne.	3e
Avoine.	Betteraves.	Blé.	Luzerne.	Luzerne.	Luzerne.	4e
Betteraves.	Blé.	Luzerne.	Luzerne.	Luzerne.	Blé.	5e
Blé.	Luzerne.	Luzerne.	Luzerne.	Blé.	Avoine.	6e
Luzerne.	Luzerne.	Luzerne.	Blé.	Avoine.	Betteraves.	7e
Luzerne.	Luzerne.	Blé.	Avoine.	Betteraves.	Blé.	8e
Luzerne.	Blé.	Avoine.	Betteraves.	Blé.	Sainfoin, Trèfle, Vesces.	9e
Blé.	Avoine.	Betteraves.	Blé.	Sainfoin, Trèfle, Vesces.	Blé.	10e
Avoine.	Betteraves.	Blé.	Sainfoin, Trèfle, Vesces.	Blé.	Avoine.	11e
Betteraves.	Blé.	Sainfoin, Trèfle, Vesces.	Blé.	Avoine.	Betteraves.	12e

Supposons chaque pièce d'un hectare, on aura donc annuellement 3 hectares de luzerne, 4 hectares de blé, 2 hectares d'avoine, 2 hectares de betteraves, et 1 hectare de sainfoin. Dans l'assolement triennal, en laissant la luzerne trois années, on ne peut faire que trois récoltes de blé, trois récoltes d'avoine pendant le même temps ; en outre, la durée des prairies, luzerne, sainfoin, etc., désorganise tout l'assolement, et l'on se trouve souvent avec trop d'avoine ou trop de blé, pendant que d'autres années on en a très peu.

L'assolement que nous venons de présenter peut être modifié facilement, l'ordre en est presque mathématique ; ce mode pourrait être la base sérieuse de l'enseignement agricole, il permet d'obtenir des données précises ; l'on peut calculer ainsi, bien longtemps à l'avance, les résultats approximatifs que l'on peut recueillir, la même quantité de chaque plante étant cultivée chaque année. Nous faisons suivre un blé avant avoine sur luzerne, c'est en vue de la betterave sucrière qui ne donnerait pas la densité voulue sur prairie ; on peut à volonté prendre une récolte d'avoine, un blé et betteraves.

Comme on doit, en culture, compter avec les circonstances atmosphériques, il est probable que dans le cours d'une révolution il y eût dans quelques pièces de terre des récoltes avariées, manquées ou détruites par les intempéries.

Si cette récolte manquée peut être remplacée par une plante de même ordre, ce qui arrive le plus souvent, il n'y a pas d'interruption dans l'assolement. Dans le cas où l'on ne pourrait pas, ce qui est fort rare, l'ordre de succession se trouverait rompu pendant un an dans cette pièce de terre, il sera toujours facile à la prochaine récolte de de lui faire reprendre la place qu'elle a perdue.

Luzerne première année, manquée à la levée : réensemencée seule au mois de septembre suivant ; détruite en hiver ; ressemée au mois de mars avec sainfoin et trèfle pour ne rester que deux ans.

Blé de saison manqué : remplacé par du blé de mars.

Avoine manquée à la levée : on peut la

réensemencer en avoine blanche ou en orge jusqu'en mai.

Betteraves manquées : on doit autant que possible les ressemer ; il arrive parfois que l'on obtient de beaux rendements en semant fin juin.

Sainfoin manqué : ressemé seul au mois de septembre.

Si pour un motif quelconque, baisse de prix de certaines denrées, etc., un cultivateur a avantage à modifier quelqu'une de ses soles, il est toujours facile de faire ces changements; il faut éviter que l'ordre dans la révolution ait beaucoup à en souffrir. Aussitôt les terres dépouillées de leurs récoltes, on devra procéder au déchaumage qui constitue une excellente opération, qui enrichit le sol en humus et lui restitue les matières élaborées par les récoltes. Il n'est peut-être pas sans intérêt à propos de cette restitution d'avoir quelques données numériques assez peu connues. La moisson n'enlève qu'une partie des végétaux qui couvrent le champ. Le chaume et les racines forment une part importante au prélèvement fait au sol et à l'atmosphère par les plantes cultivées. Ces résidus faisant retour au sol contribuent à l'entretien de sa fertilité.

Tous les agriculteurs connaissent l'importance des engrais verts, mais on ne sait généralement moins exactement ce que les racines et les chaumes des céréales représentent, par rapport au poids de la récolte enlevée, et laissent dans la terre des principes fertilisants. Les nombres suivants correspondent à une récolte moyenne et n'ont rien d'absolu. La première colonne A indique en kilogrammes le poids des restes et des racines (à l'état sec) par hectare; la colonne B, les poids d'azote contenus dans les résidus; la colonne C, celui des matières minérales; la colonne D, les poids d'acide phosphorique rapportés à l'hectare.

	A Kilogs.	B Kilogs.	C Kilogs.	D Kilogs.
Luzerne.	10.800	153	1.340	44
Trèfle rouge. . . .	9.980	215	2.150	84
Sainfoin.	6.630	138	1.145	33
Froment	3.900	26	1.218	13
Seigle.	5.900	78	1.840	28
Avoine..	3.725	30	1.645	33
Orge	2.237	26	425	13

On voit, à l'inspection de ce tableau, quelles différences existent entre les légumineuses

et les céréales, au point de vue de la teneur en azote et en acide phosphorique des
parties de la plante non récoltée, et le rôle
important qui est dévolu à cette famille végétale dans l'assolement des terres et l'entretien de leur fertilité. La fixation de l'a-
zote atmosphérique par les organes souter-
rains des légumineuses est hors de doute ;
le parti économique que l'agriculture peut
tirer de l'introduction des plantes de cette
famille dans l'assolement est scientifique-
ment démontré. Le gain en azote assimilable pour les autres récoltes, réalisé par les
légumineuses, est absolu puisqu'elles nous
fournissent gratuitement l'élément nutritif
de nos céréales le plus cher.

Il importe donc de combiner les cultures
de manière à y introduire sur la plus large
échelle, suivant les conditions locales de nos
exploitations, la luzerne, le trèfle et autres
légumineuses. D'autre part, nous donnerons
ainsi à nos sols l'azote qui ne coûtera rien,
de l'autre, nous amènerons dans la couche
arable des quantités considérables de matières minérales et surtout d'acide phosphorique puisées par les longues racines du

fourrage dans le sous-sol, que n'atteignent pas les autres récoltes. Prenons notre assolement et calculons les quantités d'engrais ou de fumier à employer.

Luzerne, première année : semer de décembre à février par hectare 400 kilogrammes de superphosphate à 15 0/0, 150 kilogrammes de chlorure de potassium 50/55 0/0.

Deuxième année : de même.

Troisième année : rien.

Quatrième année : blé.

Aussitôt la seconde coupe de luzerne enlevée, labourer la terre le plus légèrement possible ; puis plusieurs coups de herse et d'extirpateur en tous sens, de façon à bien détruire le gazon. Nous conseillons de la bourrer très légèrement, parce qu'il est plus facile en opérant sur une petite quantité de terre à remuer de la diviser convenablement; quelques jours avant de semer, un bon labour où l'on enfouit les débris d'herbes restés. Le sol qui reçoit la semence est suffisamment compact (reprise), comme on dit vulgairement en culture. On sème à l'hectare 800 kilogrammes d'engrais dont :

150 kilogrammes de chlorure de potassium,
40 à 50 kilogrammes sulfate d'ammoniaque,
600 kilogrammes superphosphate minéral
15 0/0.

Cinquième année : avoine sans engrais.

Sixième année : betterave, forte fumure
au fumier avec 700 kilogrammes de superphosphate 15 0/0, 100 kilogrammes chlorure de potassium et 2 à 300 kilogrammes
de nitrate de soude, suivant la qualité de
la terre.

Depuis quelques années on conseille de
réserver une partie du nitrate pour semer
après le démariage en une ou deux fois.

Septième année : blé, sans engrais; un peu
de nitrate de soude en couverture au printemps s'il y a nécessité, en ayant soin de
ne pas semer trop tard.

Huitième année : sainfoin, semer de décembre à février 400 kilogrammes superphosphate, 100 kilogrammes chlorure de
potassium.

Neuvième année : blé à une façon sur
prairie avec 100 kilogrammes chlorure de
potassium, 50 kilogrammes sulfate d'ammoniaque, 500 kilogrammes superphosphate.

Dixième année : avoine, sans engrais que 100 kilogrammes de nitrate de soude quand la plante est en tuyaux.

Onzième année : betteraves, forte fumure au fumier et 800 kilogrammes de super-phosphate, 100 kilogrammes de chlorure de potassium, 300 kilogrammes de nitrate de soude.

Douzième année : blé, où l'on sèmera luzerne.

Cet assolement supposé exige une terre d'assez bonne qualité; nous allons donner maintenant un assolement de terre moyenne et un de qualité inférieure. En regard de la treizième pièce sont les engrais à employer chaque année. Au lieu de betteraves on peut remplacer à chaque sole une partie par turneps, pommes de terre, etc.

ASSOLEMENT PAR RÉVOLUTION DE TREIZE ANNÉES

ANNÉES	1re PIÈCE	2e PIÈCE	3e PIÈCE	4e PIÈCE	5e PIÈCE	6e PIÈCE	7e PIÈCE	8e PIÈCE	9e PIÈCE	10e PIÈCE	11e PIÈCE	12e PIÈCE	13e PIÈCE	
1re	Luzerne.	Luzerne.	Luzerne.	Avoine.	Blé.	Betteraves.	Blé.	Sainfoin, Vesces, Trèfle rouge-violet.	Blé.	Avoine.	Betteraves.	Blé.	Avoine. Luzerne.	300 kil. superphosphate, 100 kil. chlorure, 200 k. nitrate en couverture.
2e	Luzerne.	Luzerne.	Avoine.	Blé.	Betteraves.	Blé.	Sainfoin, Vesces, Trèfle rouge-violet.	Blé.	Avoine.	Betteraves.	Blé.	Avoine. Luzerne.	Luzerne.	300 kil. superphosphate, 100 kil. chlorure.
3e	Luzerne.	Avoine.	Blé.	Betteraves.	Blé.	Sainfoin, Vesces, Trèfle rouge-violet.	Blé.	Avoine.	Betteraves.	Blé.	Avoine. Luzerne.	Luzerne.	Luzerne.	Rien.
4e	Avoine.	Blé.	Betteraves.	Blé.	Sainfoin, Vesces, Trèfle rouge-violet.	Blé.	Avoine.	Betteraves.	Blé.	Avoine. Luzerne.	Luzerne.	Luzerne.	Luzerne.	Rien.
5e	Blé.	Betteraves.	Blé.	Sainfoin, Vesces, Trèfle rouge-violet.	Blé.	Avoine.	Betteraves.	Blé.	Avoine. Luzerne.	Luzerne.	Luzerne.	Luzerne.	Avoine.	Rien.
6e	Betteraves.	Blé.	Sainfoin, Vesces, Trèfle rouge-violet.	Blé.	Avoine.	Betteraves.	Blé.	Avoine. Luzerne.	Luzerne.	Luzerne.	Luzerne.	Avoine.	Blé.	100 kil. chlorure, 100 kil. sulfate d'ammoniaque, 150 kil. nitrate.
7e	Blé.	Sainfoin, Vesces, Trèfle rouge-violet.	Blé.	Avoine.	Betteraves.	Blé.	Avoine. Luzerne.	Luzerne.	Luzerne.	Luzerne.	Avoine.	Blé.	Betteraves.	Fumure avec 500 k superphosphate, 250 kil. nitrate.
8e	Sainfoin, Vesces, Trèfle rouge-violet.	Blé.	Avoine.	Betteraves.	Blé.	Avoine. Luzerne.	Luzerne.	Luzerne.	Luzerne.	Avoine.	Blé.	Betteraves.	Blé.	Nitrate de soude en couverture.
9e	Blé.	Avoine.	Betteraves.	Blé.	Avoine. Luzerne.	Luzerne.	Luzerne.	Luzerne.	Avoine.	Blé.	Betteraves.	Blé.	Sainfoin, Vesces, Trèfle rouge.	500 kil. superphosphate.
10e	Avoine.	Betteraves.	Blé.	Avoine. Luzerne.	Luzerne.	Luzerne.	Luzerne.	Avoine.	Blé.	Betteraves.	Blé.	Sainfoin, Vesces, Trèfle rouge-violet.	Blé.	500 kil. superphosphate et fumier.
11e	Betteraves.	Blé.	Avoine. Luzerne.	Luzerne.	Luzerne.	Luzerne.	Avoine.	Blé.	Betteraves.	Blé.	Sainfoin, Vesces, Trèfle rouge-violet.	Blé.	Avoine.	100 kil. nitrate en couverture.
12e	Blé.	Avoine. Luzerne.	Luzerne.	Luzerne.	Luzerne.	Avoine.	Blé.	Betteraves.	Blé.	Sainfoin, Vesces, Trèfle rouge-violet.	Blé.	Avoine.	Betteraves.	Fumier avec 500 kil. superphosphate, 300 kil. nitrate.
13e	Avoine. Luzerne.	Luzerne.	Luzerne.	Luzerne.	Avoine.	Blé.	Betteraves.	Blé.	Sainfoin, Vesces, Trèfle rouge-violet.	Blé.	Avoine.	Betteraves.	Blé.	Rien.

ASSOLEMENT PAR RÉVOLUTION DE DIX ANNÉES

ANNÉES	1re PIÈCE	2e PIÈCE	3e PIÈCE	4e PIÈCE	5e PIÈCE
1re	Sainfoin.	Sainfoin.	Avoine.	Blé.	Pommes de terre, Trèfle rouge, Vesces, Maïs, Sarrasin.
2e	Sainfoin.	Avoine.	Blé.	Pommes de terre, Trèfle rouge, Vesces, Maïs, Sarrasin.	Blé.
3e	Avoine.	Blé.	Pommes de terre, Trèfle rouge, Vesces, Maïs, Sarrasin.	Blé.	Avoine, Trèfle violet ou hybride.
4e	Blé.	Pommes de terre, Trèfle rouge, Maïs, Vesces, Sarrasin.	Blé.	Avoine.	Trèfle enfoui, Sarrasin, Lupin, Pois enfouis.
5e	Pommes de terre, Trèfle rouge, Vesces, Maïs, Sarrasin.	Blé.	Avoine.	Trèfle enfoui, Lupin, Sarrasin, Pois enfouis.	Blé.
6e	Blé.	Avoine.	Trèfle enfoui, Lupin, Sarrasin, Pois enfouis.	Blé.	Avoine, Sainfoin.
7e	Avoine.	Trèfle enfoui, Lupin, Sarrasin, Pois enfouis.	Blé.	Avoine, Sainfoin.	Sainfoin.
8e	Trèfle enfoui, Lupin, Sarrasin, Pois enfouis.	Blé.	Avoine, Sainfoin.	Sainfoin.	Sainfoin.
9e	Blé.	Avoine, Sainfoin.	Sainfoin.	Sainfoin.	Avoine.
10e	Avoine, Sainfoin.	Sainfoin.	Sainfoin.	Avoine.	Blé.

SUR TERRES NE DONNANT PAS DE LUZERNE

6e PIÈCE	7e PIÈCE	8e PIÈCE	9e PIÈCE	10e PIÈCE	ANNÉES
Blé.	Avoine, Trèfle violet ou hybride.	Trèfle à enfouir puis lupin ou sarrasin à enfouir.	Blé.	Avoine, Sainfoin.	1re
Avoine, Trèfle violet ou hybride.	Trèfle à enfouir, Lupin, Sarrasin, Pois enfouis.	Blé.	Avoine, Sainfoin.	Sainfoin.	2e
Trèfle enfoui, Lupin, Sarrasin, Pois enfouis.	Blé.	Avoine, Sainfoin.	Sainfoin.	Sainfoin.	3e
Blé.	Avoine, Sainfoin.	Sainfoin.	Sainfoin.	Avoine.	4e
Avoine, Sainfoin.	Sainfoin.	Sainfoin.	Avoine.	Blé.	5e
Sainfoin.	Sainfoin.	Avoine.	Blé.	Pommes de terre, Trèfle rouge, Vesces, Maïs, Sarrasin.	6e
Sainfoin.	Avoine.	Blé.	Pommes de terre, Trèfle rouge, Vesces, Maïs, Sarrasin.	Blé.	7e
Avoine.	Blé.	Pommes de terre, Trèfle rouge, Vesces, Sarrasin.	Blé.	Avoine.	8e
Blé.	Pommes de terre, Trèfle rouge, Vesces, Maïs, Sarrasin.	Blé.	Avoine, Trèfle.	Trèfle enfoui, Lupin, Sarrasin, Pois enfouis.	9e
Pommes de terre, Trèfle rouge, Vesces, Maïs, Sarrasin.	Blé.	Avoine, Trèfle.	Trèfle enfoui, Lupin, Sarrasin, Pois enfouis.	Blé.	10e

L'assolement de dix années suppose une terre de médiocre qualité où la luzerne ne se plaît pas; le blé y joue le plus grand rôle.

Sainfoin, 1re pièce : semer en décembre ou janvier 400 kilogrammes superphosphate minéral et 100 kilogrammes chlorure de potassium.

Sainfoin, 2e pièce : semer à la même époque 300 kilogrammes superphosphate, 100 kilogrammes chlorure de potassium, 50 0/0.

Avoine, 3e pièce : rien.

Blé, 4e pièce : 700 kilogrammes superphosphate, 100 kilogrammes sulfate d'ammoniaque, 150 kilogrammes sang desséché.

Pommes de terre, 5e pièce : 400 kilogrammes superphosphate, 150 à 200 kilogrammes chlorure de potassium.

Blé, 6e pièce : forte fumure et 500 kilogrammes superphosphate.

Avoine, 7e pièce : 100 kilogrammes nitrate de soude en couverture.

Trèfle, 8ᵉ pièce : semer en hiver 500 kilogrammes superphosphate et 200 kilogrammes chlorure de potassium ; au moment où la plante est en fleur, passer un fort rouleau et enterrer à la charrue ; on sème à nouveau lupin, pois, sarrasin, etc., que l'on enfouit encore à la semaille, 300 kilogrammes de superphosphate et 50 kilogrammes de sulfate d'ammoniaque pour le ble 9ᵉ pièce.

Avoine, 10ᵉ pièce : rien.

La récolte de la huitième pièce a pour but de rendre au sol une partie de l'azote que le trèfle et le lupin ont emprunté à l'atmosphère.

Nous croyons que de nombreuses terres de qualité tout à fait inférieures pourraient être productives par ce procédé. Ne pourrait-on pas après l'ensemencement des betteraves, époque où les travaux ne sont pas pressants, semer sur ces terres le lupin, le sarrasin, le moha, la moutarde, et., que l'on enfouirait aussitôt leur floraison, et recommencer ainsi, puis semer avec quelques

100 kilogrammes de superphosphate et un peu de sulfate d'ammoniaque.

« Nous devons faire remarquer au lecteur que les assolements que nous venons d'indiquer ne sont que supposés ; c'est seulement pour démontrer qu'il est indispensable à tout cultivateur d'en arrêter un : c'est à lui seul qu'incombe le devoir, suivant la qualité du terrain sur lequel il opère, suivant son mode de culture, de le déterminer. »

Avant de traiter la culture spéciale de chaque plante, nous parlerons de la nutrition des végétaux et de l'absorption des principes minéraux.

ABSORPTION ET NUTRITION

Les substances nutritives ne peuvent pénétrer dans les végétaux qu'à l'état liquide ou gazeux.

Les liquides qui entourent les radicelles sont introduits dans les cellules de celles-ci par diffusion ou osmose, et la plante utilise les substances minérales et organiques qu'ils contiennent. La substance dissoute pénètre donc par osmose, les membranes externes, se diffuse dans les cellules extérieures et se répand, de cellule en cellule, dans les profondeurs du végétal jusqu'à la saturation.

Mais cette substance est bientôt transformée ; elle se condense en devenant tissu ou substance végétale, la plante s'accroît, elle dégage de l'eau par évaporation et par les feuilles : il en résulte une rupture incessante de l'équilibre osmotique, un appel continuel des liquides nourriciers.

C'est donc la nutrition qui règle l'absorption.

L'eau qui renferme différentes substances à l'état de dissolution, ne cède à la plante que celles de ses substances qui sont utilisées par elle : celles qui ne trouvent aucun emploi dans la végétation ne sont pas absorbées. En résumé, ce n'est pas la dissolution qui pénètre dans la plante, c'est la plante qui tire de la dissolution tout ce qu'elle consomme et par cela seul qu'elle consomme. Certaines substances sont toujours nécessairement utilisées par la plante, d'autres ne le sont qu'accidentellement.

Toute substance non dissoute ou de composition complexe et incapable de cristaliser passe difficilement ou ne passe pas du tout à travers les membranes cellulaires des plantes. Toute substance de composition simple, cristallisant facilement et dissoute, traverse promptement la membrane cellulaire, se divise dans le corps de la plante où elle est utilisée.

C'est ce qui explique l'effet si rapide du nitrate de soude, alors que les engrais organiques ont besoin de se transformer dans le sol, d'y subir, en quelque sorte, une véritable digestion préparatoire avant de pouvoir être absorbés et servir à la nutrition des plantes.

Une partie des substances chimiques détermine le passage des éléments nutritifs inorganiques dans la plante. Elles interviennent en modifiant essentiellement le caractère chimique des composés minéraux. La richesse d'un sol en humus dont une partie est soluble dans les alcalis est très favorable à la nutrition végétale. Si le pouvoir absorbant de la plante ne dépend pas exclusivement de la matière noire du sol, ce qui est discutable, l'expérience atteste qu'elle a une influence marquée sur le phénomène. L'aptitude productive des terres est dans une dépendance absolue de la proportion de l'humus qu'il contient.

Cette matière noire, si abondante en Russie, renferme tous les éléments nutritifs minéraux que la plante emprunte au sol pour son développement. Les racines servent à fixer les plantes dans le sol et à absorber l'eau et les matériaux nutritifs nécessaires à leur développement. Les racines primaires se divisent en racines secondaires, celles-ci en tertiaires, enfin ces dernières ramifications sont de très fines radicelles qui permettent à la plante de présenter aux particules du sol une énorme surface de contact. Cette surface de contact est encore considérablement augmentée par les nombreux poils radicaux qui recouvrent la partie terminale des radicelles. Plus le sol est humide, plus il se forme de poils radicaux : il en résulte une espèce de régularisation automatique. Les poils radicaux pénètrent dans les plus petits interstices ; ils ne se dirigent pas vers les endroits les plus humides ; grâce à une cuticule mucilagineuse dont ils sont recouverts, les poils radicaux s'attachent entièrement aux particules solides du sol. Très fugaces, ces poils périssent en haut à mesure qu'il s'en forme en bas.

Le sol où les racines terrestres végètent renferme toujours moins d'eau qu'il n'en pourrait contenir; l'air circule entre les particules de la terre qui retient avec avidité le peu d'eau. Cette eau adhère avec ténacité à leur surface. Pour la puiser, les poils radicaux doivent appliquer directement leur membrane contre la particule humectée. C'est pourquoi les plantes récemment repiquées, même dans un sol humide, se fanent et restent fanées jusqu'à ce que les racines, nouvellement formées, aient soudé leurs nouveaux poils avec un nombre suffisant de particules de terre, c'est pourquoi aussi il est très utile, dans la transplantation des végétaux, de ne pas enlever les particules de terre adhérentes aux radicelles; il suffira, dans ce cas, d'une légère humectation de ces particules pour établir promptement l'absorption, qui n'est ainsi interrompue que pendant un court espace de temps.

L'absorption n'a lieu qu'au point où le poil s'est pour ainsi dire soudé à la matière terreuse. L'équilibre des couches aqueuses des diverses particules du sol en contact les unes avec les autres se trouve détruit; l'eau retenue dans le sol par capillarité se déplace à la surface de ces particules et se dirige vers les points de soudure. Si cette eau contient des sels en dissolution, ces sels suivent les mouvements de l'eau et pénètrent avec elle dans les poils radicaux. Le liquide acide qui humecte la membrane de ces poils a une action énergique sur les sels insolubles: il attaque les pierres, même les plus dures, les dissout pour les rendre aptes à l'absorption. L'acide carbonique exhalé par les racines rend aussi les sels minéraux solubles au point de soudure. Seule la proportion de la roche, qui est en contact immédiat avec la membrane des poils radicaux, y est dissoute et absorbée; au point de contact, la roche se creuse.

Quelque faible que soit la surface absorbante de chaque poil, la réunion totale de toutes ces surfaces minuscules représente une énorme étendue, lorsqu'on considère le nombre des poils radicaux que nous offre un arbre, ou même une plante herbacée.

Les sels minéraux phosphatés, carbonatés, etc., sont donc absorbés sous l'influence du liquide acide contenu dans les poils radicaux, et c'est l'acide carbonique exhalé par cette voie qui joue le rôle principal.

L'humus acide que peut contenir le sol participe aussi à ce phénomène en dissolvant les sels insolubles dont la plante se nourrit.

Par ce qui précède, nous voyons que les radicelles peuvent dissoudre les matières insolubles et, par conséquent, que les phosphates minéraux en poudre très fine peuvent être directement dissous par les sucs acides des radicelles. Ce point est indiscutable; les phosphates minéraux peuvent, dans une certaine mesure, remplacer les superphosphates; tout se réduit à une question *de temps* pour arriver à cette absorption, mais cette dernière question est capitale.

Le superphosphate se diffuse dans toutes les particules du sol et arrive au contact immédiat de toutes les radicelles, parce qu'il est soluble et qu'il peut cheminer dans le sol avant de repasser à l'état insoluble ; le phosphate, au contraire, reste à la place où il tombe, et les labours mêmes de plusieurs années ne peuvent l'incorporer d'une façon intime à toute la couche arable.

Ces considérations ne peuvent que démontrer la supériorité, en agriculture, du superphosphate sur le phosphate minéral.

La formation de la matière sèche de la plante augmente avec la quantité de liquide nourricier absorbé ; cette quantité dépend du développement des racines et des feuilles, organes de transpiration. L'accroissement s'accélère donc à partir de la germination, mais sans régularité.

Plus la plante est garnie de racines et de feuilles, plus elle absorbe de matières minérales.

Les absorptions de potasse n'augmentent pas avec les périodes de végétation, elles diminuent plus tôt, tandis que les absorptions de chaux et de magnésie augmentent jusqu'à la floraison ; il en est de même de l'acide phosphorique.

En résumé, le rôle des racines est excessivement important. La forme de ces racines,

la disposition et le nombre de leurs ramifications doivent être pris en sérieuse consi-
dération dans la culture, dans la préparation et dans la fumure du sol. On ne doit
pas oublier que plus les radicelles sont nombreuses et serrées, plus les poils radicaux
sont nombreux, plus l'absorption est énergique, et, par conséquent, plus les produits
que l'on retire des végétaux par la culture
sont considérables.

DES CÉRÉALES

Seigle.

La récolte du seigle n'a pas une valeur
assez grande pour permettre de grands sacri-
fices. Toutefois, comme cette récolte est
souvent obtenue sur des terres de peu de
valeur, dans les terrains calcaires, sableux,
très peu riches en éléments nutritifs, on
peut par une légère dépense d'engrais obtenir
de très bons résultats.

Le seigle présente à peu près la même
composition que le froment, il exige donc
des engrais similaires. On peut, cependant,
poser en principe que le seigle exige un

peu plus d'acide phosphorique que le froment et un peu moins d'azote.

Nous conseillons, dans des terrains légers et calcaires, 5 à 600 kilogrammes de super-phosphate à l'hectare et 100 kilogrammes de sulfate d'ammoniaque ou un engrais dosant 3 0/0 d'azote et 13 0/0 d'acide phosphorique soluble.

Froment.

On cultive deux sortes de froment : celui d'hiver et celui de printemps.

Blé d'hiver.

Dans bien des pays encore on sème le froment sur une jachère fumée. Si l'on se rendait bien compte des frais que ce mode de culture exige, on aurait vite fait de l'abandonner : labourer une terre pendant une année pour ne récolter que l'autre, c'est incompatible avec les besoins actuels. Dans les pays de bonne culture le froment succède à une plante sarclée, betteraves, pommes de terre, etc., après un trèfle ou sainfoin : il peut également succéder à une luzerne : dans ce cas, plusieurs personnes très compétentes préfèrent prendre une avoine entre la

luzerne et le froment. L'engrais pour lequel
le blé a le plus d'affinité est l'azote ; il excite
vigoureusement sa végétation, à la condition
expresse que le sol soit pourvu suffisamment des autres éléments, surtout *l'acide
phosphorique*. Quand l'azote se trouve dans le
sol en trop grande quantité, la plante se dé-
veloppe trop vite et ne peut tirer du sol en
assez grandes proportions les éléments qui
lui sont nécessaires ; la tige manque de soli-
dité, occasionne la verse, et le grain ne
pouvant se former dans des conditions convenables manque de qualité. On croit dans
bien des cas que la terre est trop azotée, ce
peut n'être qu'un manque d'acide phosphorique ; comme cet élément ne subit pas de
déperditions dans le sol et qu'à son défaut
la végétation ne se produit pas dans des
conditions normales, il n'y a jamais d'inconvénient d'en fournir une forte provision ;
en l'absence de cet élément, la plante refuse
de pousser ; d'autre part, il est prouvé par les
savants qu'il faut au froment à un certain
moment plus de trois ou quatre fois d'acide
phosphorique, d'azote et de potasse que la
récolte n'en doit contenir. C'est surtout vers

le mois de mars, quand la végétation du froment prend son essor, qu'il réclame le plus d'azote; en outre, pour réparer le mal de l'hiver, que la gelée, le froid, les mulots, etc., ont pu causer, le moyen le plus efficace est de recourir au nitrate de soude semé en couverture. Toutefois, si l'on veut obtenir de bons résultats, il est bon d'observer certaines règles que nous allons faire connaître.

On entend souvent dire que le nitrate de soude n'est pas un engrais, qu'il ne réussit que dans certaines terres, que ce n'est qu'un stimulant. Ce sont là des erreurs; le nitrate de soude est un véritable engrais qui fournit aux végétaux un supplément d'azote; mais il est évident que les végétaux ne peuvent se contenter d'une nourriture exclusivement composée de nitrate, il leur faut aussi des matières minérales.

Le nitrate de soude n'épuise pas la terre en azote, puisqu'il en apporte.

Quant aux matières minérales assimilables, il n'en possède pas.

Si les blés présentent une belle apparence, s'ils sont épais (drus), ne semez votre nitrate qu'en avril pour favoriser l'épiage et la grenaison; si au contraire ils sont trop clairs, appliquez le nitrate au mois de février pour les faire taller; dans ce cas, on ne doit pas hésiter de donner un bon coup de herse. La dose à employer varie suivant la nature de la terre, les fumures antérieures et l'espèce de blé cultivé.

Si la terre a reçu une médiocre fumure de fumier de ferme complétée par des super-phosphates, on peut répandre 150 kilo-grammes de nitrate à l'hectare, le résultat est assuré; si la terre n'a été que moyenne-ment fumée sans superphosphates, 75 à 80 kilogrammes suffiront. Si la terre a été fumée à l'automne uniquement avec des engrais chimiques peu azotés, il ne faut pas craindre d'employer au printemps 200 à 250 kilogrammes par hectare.

Les blés à grands rendements et hâtifs exigent plus de nitrate que les autres. L'effet du nitrate est plus marqué dans les terrains perméables ou secs que dans les terrains argileux ou humides. Dans les terrains très humides, marécageux, on ne doit pas en user; si l'on craint la verse, il faut également s'abstenir.

L'application en temps inopportun, à dose trop forte, et surtout l'insuffisance dans les terres de principes minéraux (acide phosphorique) sont souvent des causes d'insuccès.

La potasse joue également un grand rôle dans la végétation du froment, soit par les fumiers ou autrement; il faut en assurer à la récolte une ample provision.

Blé de printemps.

Il a les mêmes exigences que le blé d'automne; on prétend qu'on doit lui assurer encore un peu plus d'acide phosphorique, son développement se faisant rapidement, il en exige en grande quantité.

Les engrais qu'il exige varient suivant les conditions dans lesquelles il est cultivé: après betteraves, on peut employer plus d'engrais azotés; après fourrage peu d'azote et augmenter la potasse et l'acide phosphorique.

En moyenne, sans fumier, un engrais dosant :

Azote 3/4 0/0. . . . . . .
Acide phosphorique 10 0/0. } 1000 kilogr. à l'hectare.
Potasse 5/6 0/0. . . . . .

Avec du fumier de ferme un engrais dosant :

3/4 0/0 d'azote . . - . . . .
12/13 0/0 d'acide phosphorique. } 500 kilogr. à l'hectare.

Avoine, orge.

Ces plantes sont généralement cultivées après froment qui a laissé la terre encore riche en principes nutritifs; on se trouve bien cependant de répandre à la semaille :

300 kilogrammes de superphosphate,
100 — chlorure de potassium.

Au moment où la plante se forme en tuyaux, semer 100 à 150 kilogrammes de nitrate de soude, excepté sur les avoines après prairies.

PRAIRIES ARTIFICIELLES

Luzerne.

C'est une des plantes les plus intéressantes pour la culture, elle aime de préférence les terres riches, profondes ; l'azote ne semble pas exercer d'influence sur sa

végétation; l'acide phosphorique et la potasse doivent être en abondance dans le sol;
elle absorbe beaucoup d'azote à l'atmosphère,
et prenant sa nourriture dans les couches
plus profondes du sol, laisse après quelques
années par les débris amassés à la surface
la terre plus riche en azote qu'au moment
où elle a été ensemencée.

Dans les terres argileuses, humides, on
est obligé très souvent pour récolter des
luzernes d'avoir recours au marnage, au
chaulage, ou à l'emploi à haute dose des
phosphates fossiles dont les effets sont mer-
veilleux.

On se trouvera bien dans le courant de
l'hiver, décembre, janvier ou février, de
semer sur les luzernes :

A l'hectare. . { 800 kilogr. de superphosphate,
                { 200 kilogr. de chlorure de potassium.

Sainfoin ou esparcette.

Après la luzerne c'est la prairie artificielle la plus estimée, le sainfoin ami des
terrains calcaires ou contenant de la chaux;
on peut le laisser deux, même trois années;
le mélange suivant donne d'excellents ré-

sultats, étant semé d'hiver comme pour la luzerne :

A l'hectare. . { 500 kilogr. de superphosphate,
{ 100 kilogr. de chlorure de potassium.

Trèfle.

Cette légumineuse a la propriété d'absorber une grande quantité d'azote dans l'atmosphère ; c'est pourquoi on conseille de le semer pour être enfoui en certaines circonstances ; on arrive par ce moyen à donner de l'azote, qui est le plus cher des éléments, à la terre en semant seulement de la potasse et de l'acide phosphorique.

Récolté, le fourrage est de médiocre qualité. Il ne dure guère qu'une année ; comme la luzerne et le trèfle, l'engrais ci-dessous donne des résultats admirables ; on arrive à faire dans la même année trois ou quatre bonnes coupes :

A l'hectare. . { 600 kilogr. de superphosphate,
{ 300 kilogr. de chlorure de potassium.

Platrage.

Répandu au printemps, au début de la végétation, le plâtre donne des résultats admirables sur les prairies artificielles, sur les terres contenant de la potasse, à la dose de 2 à 300 kilogrammes à l'hectare.

*
* *

Aux plantes fourragères que nous venons de citer, il faut ajouter : les minettes, les vesces, les féverolles, les lupins, les pois qui sont cultivés soit comme fourrages, soit comme engrais verts.

Comme les racines des légumineuses s'enfoncent profondément dans le sol, il faut leur fournir assez longtemps à l'avance les aliments nécessaires à leur nutrition; il faut en effet à l'engrais répandu sur le sol un certain laps de temps pour se répartir sur les diverses couches occupées par les racines pivotantes de ces plantes. Aussi est-il bon de semer les superphosphates d'hiver, pour que l'effet se manifeste au printemps suivant. C'est ce qui explique pourquoi l'efficacité de certains engrais peu solubles est plus accentuée la seconde année d'application que la première.

Prairies naturelles.

Existant sur des terres généralement très riches et pouvant être irriguées, très peu de propriétaires emploient d'engrais sur ces prairies. Celles qui ne reçoivent que l'eau de la pluie, à moins d'être sous des climats humides, ont besoin absolument d'engrais ; les résultats sont très concluants. Pourquoi, d'ailleurs, feraient-elles exception à la règle générale ? C'est aux ressources des terrains où elles existent qu'il faut attribuer leurs rendements, mais on arrivera vite à les épuiser.

Absorbant beaucoup d'azote dans l'atmosphère, il ne faut pas employer des engrais trop azotés, les graminées en étant très avides ; il faut cependant en introduire en petites doses ; l'acide phosphorique fait le plus souvent défaut, ainsi que la potasse.

On peut se rendre compte par l'herbe d'une prairie des proportions à employer : « Si l'on voit beaucoup de trèfle, de plantes traînantes de la famille des légumineuses, c'est la potasse qui domine. Si ce sont les graminées qui dominent et étouffent les légumineuses, c'est l'acide phosphorique qui domine. Si l'herbe est vigoureuse, très verte, c'est l'azote qui domine. Si l'herbe est chétive, jaune, c'est l'azote qui manque.

Si la prairie donne de mauvaises herbes et devient marécageuse, c'est la chaux qu'il faut employer et le drainage. »

Engrais pour prairies.

Pour terre contenant de la potasse engrais :

N° 1 dosant. { 3 0/0 d'azote nitrique et ammoniacal.
{ 12 0/0 d'acide phosphorique soluble.

Pour terre contenant de l'acide phosphorique :

N° 2. . . . . { 5 0/0 d'azote nitrique et organique.
{ 15 0/0 de potasse.
{ 6 0/0 d'acide phosphorique soluble.

Pour terre riche en azote :

N° 3. . . . . { 12 0/0 d'acide phosphorique.
{ 10 0/0 de potasse.

Pour terre sèche et manquant d'azote :

N° 4. . . . . { 7 0/0 d'azote nitrique et ammoniacal.
{ 5 0/0 de potasse.
{ 7,5 0/0 d'acide phosphorique.

Pour terre menaçant de devenir marécageuse :

A l'hectare.. { 1.500 kilogrammes de phosphate fossile ou
{ 2.000 — de scories de déphosphoration.

On doit semer ces engrais dès le début

du printemps à la dose de 1.000 kilogrammes à l'hectare.

Prairies temporaires.

On peut semer une prairie qui alimentera une partie de la ferme, et au bout de longues années la remettre en culture; il faut pour cela demander aux marchands grainiers sérieux une composition de graines appropriées à la terre, et chaque année au printemps semer l'engrais à la dose et dans les mêmes conditions que pour les prairies naturelles; remises en culture, ces terres sont très fertiles.

PLANTES, RACINES

Betteraves à sucre.

La betterave peut être placée sur des terrains qui ont besoin d'être remontés au degré de fertilité qu'ils ont perdu en produisant successivement des récoltes de moins en moins exigeantes.

On peut par elle appliquer la loi de la restitution par excellence, en recevant pour sa fécondité beaucoup d'engrais, dont une bonne partie profitera aux récoltes qui lui succéderont. Cependant, nous ne conseillons pas la culture de la betterave sur des terres de qualité inférieure, ayant un sous-sol défectueux, peu favorable à sa croissance, qui, pendant les temps de sécheresse, ne conserve pas assez de fraîcheur et où la végétation pourrait s'arrêter malgré les engrais. S'il y a une entente presque complète pour la préparation du sol qui doit la produire, il n'en est pas de même pour l'ordre de succession qu'elle doit occuper. Les uns la veulent sur chaume d'avoine, les autres sur chaume de blé.

On admet généralement que l'engrais dans la culture de la betterave à sucre ne doit être limité que dans l'intérêt de la récolte qui lui succède : donc il faut en employer de fortes doses. Nous croyons que c'est la variété de la graine qui donne la richesse en sucre. Plus les terres sont fertiles ou les engrais employés à haute dose, plus il faut rapprocher les plants, avec un bon choix de graines qui conserve la richesse ; on arrivera au succès en poussant au développement du poids par l'abondance

de l'engrais. Il faut que les betteraves développent leurs feuilles avant de constituer
leur racine. C'est pourquoi on doit employer
de l'azote très assimilable (nitrate de soude)
et bannir les matières organiques; si la terre
est pauvre, les feuilles ne peuvent se développer.

En employant l'azote seul, les résultats
sont mauvais sous le rapport de la richesse;
l'acide phosphorique seul avec fumier donne
de la richesse; le mélange d'azote et d'acide
phosphorique employé judicieusement donne
de beaux bénéfices.

Nous conseillons d'enterrer les fumiers
profondément pendant l'hiver et de répandre
avant l'ensemencement par hectare :

 200 kilogrammes de nitrate de soude,
 12 à 1500 kilogrammes de superphosphate.

Sans fumier on devra doubler cette dose
et ajouter 2 à 300 kilogrammes de chlorure
de potassium par hectare.

Betterave fourragère.

De même que la betterave à sucre, il faut
employer beaucoup d'engrais; comme il n'y

a pas à craindre le manque de densité, on prendra des engrais plus azotés, voici un engrais donnant d'excellents résultats :

1000 kilogrammes à l'hectare.
Azote nitrique. . . .	6 à 7 0/0
Acide phosphorique .	6 à 7 0/0
Potasse	7 à 8 0/0

Carotte.

De même nature que la betterave, cette plante vit des mêmes éléments en se contentant de terres de moindre qualité.

L'engrais suivant lui plaît très bien :

Azote nitrique . . .	5 à 6 0/0
Acide phosphorique.	8 à 9 0/0
Potasse	5 à 6 0/0

Pommes de terre.

La pomme de terre aime un sol léger et meuble, elle ne réussit que les années de sécheresse dans les terres fortes et humides ; quand on emploie le fumier, il doit être enfoui à l'avance, et suivi de plusieurs labours ; la pomme de terre semble s'alimenter d'azote dans l'atmosphère ; il ne faut pas lui ménager l'acide phosphorique ni la potasse qui augmentent considérablement le rendement. Dans les terres riches en azote

la pomme de terre peut pousser beaucoup
en fanes, il faut employer l'engrais suivant :

Superphosphate . . . . 800 kilogr.

Chlorure de potassium . 200 kilogr.

Dans d'autres circonstances l'engrais suivant réussit très bien :

Azote 3 0/0

Potasse. 15 0/0

Acide phosphorique . 8 0/0

Depuis quelques années, les pommes de
terre étant exposées aux maladies, on conseille de les pulvériser comme la vigne, afin
de conserver les fanes.

Topinambours.

Le topinambour réussit sur les terres de
médiocre qualité, où ne réussit pas la betterave; ne craint pas la gelée et peut passer
l'hiver en terre. Le topinambour peut être
distillé pour en obtenir l'alcool ou employé
à la nourriture du bétail. L'engrais suivant
employé à la dose de 100 kilogrammes à
l'hectare réussit très bien :

Azote. 2 0/0

Acide phosphorique . 11 0/0

Potasse. 5 0/0

PLANTES DIVERSES

Maïs.

Le maïs n'est guère cultivé que dans quelques départements du Midi, pour le grain ; ailleurs, ce n'est que pour la nourriture du bétail ; les exigences de la plante varient, suivant le but que l'on se propose.

L'acide phosphorique exerce uue grande influence sur le rendement du grain et en avance la maturité. L'engrais suivant employé à la dose de 1000 kilogrammes par hectare réussit très bien :

Azote nitrique. . . .   2 0/0
Acide phosphorique .   10 0/0
Potasse. 7 0/0

Une grande partie de son azote peut être fourni par l'atmosphère ; cependant pour le maïs fourrage, nous conseillons l'engrais suivant :

1.000 à 1.200 kilogr. à l'hectare.
Azote nitrique. 4 0/0
Acide phosphorique soluble.   9 0/0
Potasse. 6 0/0

Chanvre.

Le chanvre aime les expositions chaudes et spécialement les bas-fonds, les vallées ;

la terre doit être très riche en humus et ameublie par de profonds labours, que la terre soit pour ainsi dire en poudre. Après une forte fumure de bon fumier consommé, nous conseillons l'engrais suivant :

A l'hectare . . . .
- Nitrate de soude . . 200 kilogr.
- Superphosphate. . . 500 —
- Sulfate de potasse. . 250 —

Quelques jours après l'ensemencement, semer 150 kilogrammes de sel ordinaire.

Lin.

Le lin se cultive comme le chanvre, il est moins exigeant sur la qualité du terrain; nous conseillons, huit jours avant la semaille, de semer l'engrais suivant que l'on enterre à la herse :

TERRES LÉGÈRES ET CALCAIRES

Chlorure de potassium	200 kilogr.
Nitrate de soude .	200 —
Superphosphate. .	300 —
Cuir torréfié. . .	50 —
Plâtre.	400 —

TERRES ARGILEUSES

Sulfate d'ammoniaque	250 kilogr.
Nitrate de soude	150 —
Sulfate de potasse	150 —
Superphosphate .	400, —
Cuir torréfié .. .	50 —
Plâtre	500 —

Œillette.

L'acide phosphorique est indispensable au développement de l'œillette ; nous conseillons, avant de semer, d'employer à l'hectare :

Sang desséché. .	200 kilogr.
Viande	100 —
Corne torréfiée .	100 —
Superphosphate .	600 —

Après la semaille :

Nitrate de soude	100 —

Tabac.

Le tabac ne donne des récoltes abondantes que sur des terres très fertiles ; il n'épuise guère le sol, en raison de la grande quantité d'engrais que l'on est obligé de lui donner. Ces engrais doivent contenir le moins pos-

sible de chlorure de sodium (sel de cuisine).
On doit lui donner la potasse sous forme de sulfate de potasse; l'emploi d'un engrais artificiel convenable est le seul moyen d'obtenir un tabac d'une combustion facile.

Nous conseillons d'employer :

Nitrate de potasse. . . . 300 kilogr.
Superphosphate de chaux . 300 —
Craie phosphatée 40/45 0/0 400 —

VIGNE

La vigne est un végétal très sobre des éléments qu'il demande au sol, mais comme les vignobles ne se reposent jamais et donnent les mêmes récoltes tous les ans sur le même terrain, leur épuisement est certain si on ne leur restitue pas, par des fumures appropriées, les éléments minéraux que les récoltes leur enlèvent tous les ans.

On ne doit pas oublier que souvent les vignes, depuis des siècles, végètent sur le même terrain, et que beaucoup ne reçoivent aucune fumure, ou en tous cas des fumures très parcimonieuses.

La proportion de potasse exportée du sol vignoble est considérable; il est admis que cet élément joue un rôle prépondérant parmi ceux qui lui sont nécessaires, ensuite l'acide phosphorique ; l'azote semble en grande partie être absorbé dans l'atmosphère.

Les engrais à employer doivent donc varier suivant l'aspect de la vigne.

Composition moyenne de 1000 kilogr. du bois de la vigne et du vin :

BOIS	VIN
3,5 Acide phosphorique.	1,50 Acide phosphorique.
7,8 Potasse.	2,40 Potasse.
9. Chaux.	3. Chaux.
» Azote	2. Azote.

Nous conseillons l'emploi des engrais suivants à l'hectare.

Dans une vigne languissante donnant peu de bois :

Corne torréfiée	200 kilogr.
Superphosphate à 15 0/0.	400 —
Carbonate de potasse. . .	200 —

Ou en place :

Sulfate de potasse	300 —

Dans une vigne poussant beaucoup de bois et ne donnant pas assez de fruit :

Superphosphate de chaux à 15 0/0   700 kilogr.
Carbonate de potasse   200   —

Ou en place :

Sulfate de potasse   300   —

Dans toute autre circonstance, l'engrais suivant :

Superphosphate de chaux . . .   700 kilogr.
Carbonate de potasse. . . .   200   —

Ou en place :

Sulfate de potasse   300   —

L'emploi du superphosphate à haute dose avance la maturité et donne de la qualité au vin.

On se trouvera bien de répandre pendant l'hiver 3 à 400 kilogrammes de sulfate de fer par hectare.

En plus des engrais ci-dessus, il faut ajouter aux mélanges 3 à 400 kilogrammes de sulfate de chaux (plâtre).

Les différentes maladies de la vigne ayant été traitées dans chaque contrée par des hommes très compétents, nous n'aborderons pas ce sujet; cependant nous conseillons aux vignerons l'emploi du sulfate de cuivre en dissolution (sulfatage).

HORTICULTURE — JARDINAGE
PRIMEURS

L'horticulture qui, en général, emploie peu d'engrais, doit encore plus que l'agriculture en tirer parti; les produits que donne cette culture étant d'une valeur plus grande que les produits agricoles, les avantages sont bien plus rémunérateurs.

Le sol est bien plus épuisé encore qu'en agriculture, rien ne faisant retour à la terre; le fumier seul est appelé à combler cet épuisement : son principal rôle est d'alléger la terre et d'y provoquer par la fermentation une chaleur active.

Il est prouvé que les résultats obtenus avec les engrais chimiques concurremment au fumier ont dépassé toute attente.

Aussi des haricots verts ont été récoltés le 25 mai, alors que la même récolte avec du fumier n'a pu être cueillie que le 20 juin. Or, à la fin de mai, les cours étaient trois fois plus élevés qu'au 20 juin. La culture des melons sans vitraux se trouve aussi très bien de l'application des engrais chimiques.

Nous conseillons pour ces cultures :

Nitrate de potasse . . 300 kilogr.

Nitrate de soude. . . . 200 —

Sulfate ammoniaque . 100 —

Superphosphate. . . . 900 —

A la dose de 1.500 kilogrammes à l'hectare, soit 150 grammes par mètre carré.

Cultures potagères.

Nitrate de soude. . . . . . 20 kilogr.

Superphosphate 15 0/0 . . . 25 —

Chlorure de potassium 50 0/0 15 ..

Sulfate de chaux . . . . . 50 —

A la dose de 400 grammes par mètre carré, enfoui par binage quand la plante a commencé son développement.

Salades.

Sulfate d'ammoniaque . 15 kilogr.

Superphosphate . . . . 35 —

Chlorure de potassium. 15 —

Sulfate de chaux . . . 35 —

A la dose de 2 à 300 grammes par mètre carré, au moment du semis et pour chaque récolte.

Arbres à pépins.

Nitrate de soude. . . . 32 kilogr.
Superphosphate . . . . 45 —
Chlorure de potassium . 12 —
Sulfate de chaux . . . 22 —

A la dose de 3 à 400 grammes par mètre carré semé en hiver sur toute la surface occupée par les racines.

Arbres à noyaux.

Nitrate de soude. . . . 15 kilogr.
Superphosphate . . . . 60 —
Chlorure de potassium. 10 —
Sulfate de chaux . . . 15 —

Même dose et mêmes conditions que ci-dessus.

Plantes florales et d'ornement.

Nitrate de soude. . . . 10 kilogr.
Superphosphate . . . . 40 —
Chlorure de potassium. 5 —
Sulfate de chaux . . . 45 —

A la dose de 400 grammes par mètre carré en février ou mars avant le binage.

Plantes à feuillages en pots.

Nitrate de soude. . . .   1 kilogr.
Sulfate d'ammoniaque. .   1   —
Superphosphate.   2   —
Chlorure de potassium . $0^{kg},300$
Sulfate de fer . . . . . $0^{kg},500$
Plâtre. . . . .   2 kilogr.

A la dose de 3 grammes par litre d'eau, et arroser une fois par semaine.

Plantes à feuillages en massifs.

Nitrate de soude . .   3 kilogr.
Superphosphate. . .   4   —
Chlorure.   1   —
Sulfate de fer . . .   2   —
Sulfate de chaux. .   4   —
(300 grammes par mètre carré.)

Fleurs en massifs.

Nitrate de soude . . .   2 kilogr.
Superphosphate   10   —
Chlorure de potassium.   2   --
Sulfate de fer.   2   —
Sulfate de chaux . . .   4   —

A la dose de 300 grammes par mètre carré.

Boutures de géraniums.

Superphosphate . . . . 7 kilogr.
Chlorure de potassium. 1 —
Sulfate de fer. . . . . 0^{kg},750
Sulfate de chaux. . . . 3 kilogr.

A la dose de 3 grammes de ce mélange par kilogrammes de terre.

Rempotage de Colens, Bégonias, etc.

(Même quantité que ci-dessus).
Nitrate de soude. . . 1^{kg},500
Sulfate d'ammoniaque. 1 kilogr.
Superphosphate . . . 2^{kg},500.
Chlorure de potassium. 0^{kg},500.
Sulfate de fer. . . . 2 kilogr.
Sulfate de chaux. . . 1 —

Tomate.

Le rendement augmente avec la quantité employée ; il est bon d'appliquer les engrais de très bonne heure, au moment où l'on prépare le terrain pour la culture. L'engrais suivant réussit très bien :

2 0/0 d'azote nitrique et ammoniacal.
12 0/0 d'acide phosphorique.
5 0/0 de potasse.

Oignons.

Les oignons, dans certaines contrées, sont cultivés en grande culture. On possède peu de renseignements sur les engrais qui leur conviennent; d'après les analyses de l'oignon, il exige à l'hectare :

Azote.	106 unités	200
Potasse	73 —	400
Acide phosphorique.	26 —	250

On devra donc employer sans fumier :

Sulfate d'ammoniaque	500 kilogr.
Sulfate de potasse	200 —
Superphosphate 15 0/0.	250 —
Corne torréfiée.	100 —

Engrais pour fraises.

A la dose de 3 à 400 grammes par mètre carré bien mélangé à la terre.

Nitrate de soude.	$0^{kg},500$
Sulfate d'ammoniaque.	$0^{kg},500$
Superphosphate	3 kilogr.
Sulfate de fer	3 —
Sulfate de chaux.	5 —

On recommande de répandre l'engrais à la fin de l'hiver ou au commencement du printemps.

ARBORICULTURE

Noyer.

Le noyer constitue la principale source de revenus d'une foule de propriétés; le mélange suivant donne de beaux résultats :

Nitrate de soude. . . . 78 kilogr.
Superphosphate. . . . 20 —
Chlorure de potassium. 6 —

On répand ce mélange pour un arbre pouvant donner environ 100 kilogrammes d'amandes et coquilles; c'est au propriétaire de régler la dose convenable.

Arbres fruitiers.

Quand les arbres commencent à vieillir, le sol dans lequel les racines puisent leur nourriture se trouve fortement appauvri : là est la principale cause des maladies observées, de la dégénérescence des arbres fruitiers et de leurs rendements peu satisfaisants.

La chaux donne des résultats remarquables pour les cerises. Pour un très gros arbre, employer du mélange suivant 5 à 6 kilogrammes; pour un gros arbre, 4 à 5 kilogrammes; pour un moyen, 3 à 4^{kg},500; beaux arbres de pépinières plantés depuis deux ans, un demi à trois quarts de kilogramme.

L'engrais doit être enfoui pendant l'hiver sur tout le parcours de l'arbre, dans toute la périphérie développée par son ombre.

Nitrate de soude. . . . . 30 kilogr.
Superphosphate 15 0/0. 55 —
Chlorure de potassium . 15 —

SOINS A DONNER AU SOL

Dans les soins à donner au sol, ce ne sont pas les règles qu'il est difficile de formuler; l'application ne présente pas elle-même de difficultés insurmontables, lorsque le temps est propice, mais il est souvent contraire.

Que de pluies inopportunes empêchent les travaux si délicats du printemps et rendent inutiles et quelquefois nuisibles aux récoltes ceux qui étaient en cours d'exécution! Malgré toute l'attention et la persévérance voulue, il est fort rare qu'il soit possible au cultivateur de les faire exécuter la même année sur toutes les terres d'une façon satisfaisante.

Pour être mis en état de recevoir les amendements et les engrais, et ensuite les semences et les plantations diverses, le sol doit subir différentes opérations (labours, déchaumages, hersages, etc.), qui ont pour objet d'aérer le sol, de l'ameublir, détruire les mauvaises herbes, de mélanger les diverses substances qui le composent; l'expérience a prouvé que le terrain n'est fertile dans toutes ses parties qu'autant qu'on les a divisées et soumises à l'influence de l'air; les labours et autres travaux ne produisent tous leurs bons effets qu'autant qu'ils ont été faits dans des circonstances favorables. Les terres légères et sablonneuses peuvent être travaillées par tous les temps; s'il s'agit, au contraire, de terres fortes, il faut saisir le moment où elles ne sont ni complètement desséchées ni trop imprégnées d'humidité; ces terres doivent préalablement être drainées, ce qui les assainit et permet de les travailler facilement.

En principe, il faut nettoyer les terres sans relâche et par tous les moyens; c'est aussi nécessaire que de les fumer. Si les difficultés de la tâche peuvent nous effrayer et les contretemps nous rebuter quelquefois, considérons, pour nous encourager, ce que nous pourrions faire avec des terres bien nettes. Avec elles, nous avons l'entière liberté des assolements, nous pouvons, comme l'industrie, spécialiser nos productions, et cette fameuse culture continue des céréales, qui passe aujourd'hui pour un tour de force, voit tomber son principal obstacle : « *Tenir les terres propres est le seul secret,* » les moyens de végétation à donner aux plantes étant à la portée de tous.

Par la culture des plantes sarclées, on obtient des terres suffisamment propres; il arrive fréquemment, dans les céréales, que certaines parties ont été dégarnies par le ver blanc ou toute autre cause. Dans les clairières, certaines herbes : mouron, plantain, renouée des oiseaux, nées à l'ombre des céréales et restées faibles, n'attendent que l'air et la lumière pour se développer et fructifier abondamment. Il importe donc de les détruire au plus vite, afin qu'elles n'épuisent le sol inutilement et le couvrent de mauvaises graines : *Aussitôt la moisson, il faut déchaumer.*

A l'époque où l'on faisait peu de fourrages et encore moins de plantes sarclées,
où l'on ne connaissait pas l'emploi des engrais chimiques, où l'on entretenait pour le
pacage des jachères beaucoup de moutons,
la nécessité de les nourrir à l'automne s'op-
posait au déchaumage, et chez certains jusqu'à l'hiver ou jusqu'au printemps, les
éteules ne pouvaient recevoir aucune façon.
De là vient certainement cette source de
mauvaises graines que les soins les plus
persévérants n'ont pu encore tarir dans d'ex-
cellentes fermes.

Ainsi donc, en déchaumant dès la moisson terminée, s'il est possible, aussitôt que
les terres sont libres, on détruira les mauvaises herbes en cours de végétation et l'on
provoquera en même temps la levée de
celles dont les graines ont mûri avec les
céréales.

En général, la terre garde encore assez
de fraîcheur après l'enlèvement des récoltes
pour qu'il soit possible d'employer au déchaumage, soit les charrues polysocs, soit
l'extirpateur ou le scarificateur, et cette
facilité peut durer d'autant plus que les

pluies bien espacées viennent entretenir cette fraîcheur. Mais, souvent aussi, sous l'influence du hâle, la surface du sol ne tarde pas à durcir, les polysocs ne peuvent plus l'entamer et le travail de l'extirpateur seul reste possible. Après ces façons, les hersages sont toujours nécessaires pour achever la destruction des herbes. Cette destruction est alors complète si le temps est beau, mais s'il reste longtemps pluvieux, les hersages ne peuvent s'exécuter et les herbes reprennent vite.

On est quelquefois obligé de laisser une terre en jachère une année pour détruire les plantes à racines vivaces : chiendent, agrostis, traînasse, etc. Les labours ne peuvent suffire pour détruire ces plantes; il faut extirper et herser en sens différents, répéter plusieurs fois par un temps sec. On se trouvera bien aussi entre les hersages d'employer le rouleau pour faire tomber la terre qui adhère aux racines et en retarde la dessiccation; l'avoine en chapelet est particulièrement redoutable, parce qu'elle se propage par ses graines aussi facilement que par ses racines. Il faut, une fois les touffes arrachées et exposées sur la surface du champ, les charger immédiatement dans des voitures, sans essayer d'en faire tomber la terre adhérente, et en combler les ornières des chemins ruraux voisins. Il faut toujours craindre, en effet, que de ces grosses touffes traînées par les herses d'un bout à l'autre du champ ne se détachent des bulbilles qui, à cause de leur forme ronde, s'enterrent plus facilement que les longues racines du véritable chiendent et créent de nouveaux foyers d'infestation.

Lorsque la destruction de ces plantes est complète, les soins ordinaires de culture suffisent la plupart du temps à en empêcher le retour.

Ce sont les prairies artificielles, surtout les luzernes, quand on les laisse un certain nombre d'années, et qu'elles commencent à se dégarnir, qui favorisent l'envahissement de ces plantes. C'est pour cette cause que, dans nos assolements, nous ne laissons figurer la luzerne au delà de quatre années. Sous ce rapport, il y a lieu de surveiller les défrichements. En compensation, la culture des prairies artificielles est très efficace pour détruire les chardons.

Dans les pays où l'on sème en lignes, pour nettoyer les blés d'hiver, on se sert très avantageusement de la houe à cheval; c'est d'ailleurs le seul moyen pratique, à moins donc que la terre à la semaille n'eût été motteuse; dans ce cas, elle dessèche vite sous l'influence du soleil et du hâle; comme les mottes ont été adoucies par les gelées, un coup de herse légère détruit, en unissant le sol, les graines levées sur les mottes ou dans les intervalles.

Dans les céréales de printemps, la destruction des plantes adventives est très délicate; ces céréales peu enracinées demandent beaucoup de ménagement; de plus, elles se développent vivement, et on ne dispose que de très peu de temps pour les nettoyer. Les façons d'ensemencement détruisent peu d'herbes dans cette saison, les giboulées étant très fréquentes, mais encore elles mettent des graines en parfaite condition de germination qui n'attendaient pour lever que d'être enterrées légèrement. En même temps que le blé, une foule d'herbes se montrent, la sanve ou ravenelle, la moutarde sauvage, la renouée des oiseaux, etc.

Lorsqu'il survient aussitôt après l'ensemencement une forte pluie qui bat la terre, et forme une croûte à la surface, si cette croûte sèche et se fendille, un coup de herse légère la rompra, brisant les germes et les tigelles des jeunes herbes qu'elle contient, et facilitera la levée du blé.

L'avoine se semant plus tard que le blé, les façons d'ensemencement qu'elle reçoit produisent plus souvent la destruction des herbes levées sur le vieux labour; nous insistons sur ce point de l'opportunité du labour; ceux exécutés l'hiver sont généralement préférables aux labours faits peu de temps avant la semaille, car la terre labourée a besoin d'un certain temps pour se tasser suffisamment, et puis l'alliage de la terre végétale de la partie cultivée a besoin d'être fait au moment de l'ensemencement avec le sous-sol pour entretenir la fraîcheur superficielle, fraîcheur indispensable aux plantes, et qui ferait défaut avec des labours nouveaux, à moins que des pluies abondantes ne surviennent. En outre, les vieux labours ont donné aux graines (sanves, etc.) qui se trouvent à la surface, la faci-

lité de germer, surtout si l'on a eu la pré-
caution de répandre l'engrais et herser dix
ou quinze jours avant de semer le grain.

Lorsque la terre est bien ameublée, il
faut enterrer la semence d'avoine au semoir
en lignes et assez profondément; et quelques jours après, si le temps le permet,
donner un roulage énergique.

Il faut s'attendre à voir lever la sanve
aussitôt que l'avoine, quelques jours après
la semaille, et chaque jour on doit, avec
la pointe de sa canne, ouvrir la terre de
place en place à quatre ou cinq centimètres
de profondeur. Lorsqu'on voit les mauvaises
graines, jusque-là invisibles à l'œil nu,
garnies de leurs tigelles et de leurs cotylé-
dons encore blancs, remplir cette couche
du sol, tout autre travail doit cesser, toutes
les herses et tous les charretiers doivent
être occupés à sillonner la surface des
champs; le lendemain il peut survenir une
pluie, et, en attendant que la terre sèche, la
sanve sera levée et deviendra plus difficile
à détruire.

Une partie de la jeune sanve exposée au
soleil sera brûlée, le reste privé de ses ti-

gelles, cassées entre deux terres par le passage des dents des herses, sera détruit, tandis
que l'avoine, enterrée plus profondément,
ne sera pas atteinte. On doit rouler de
nouveau, aussitôt la terre séchée, et si une
nouvelle semence de sanve se prépare recommencer le hersage; il n'y a point d'inconvénient pour l'avoine, lors même qu'elle
commencerait à percer la terre.

Un grand nombre de terres fertiles et bien
cultivées sont encore infestées de sanves;
les profondeurs du labour en recèlent de
nombreuses quantités; elles s'y conservent
jusqu'à ce qu'elles soient dans de bonnes
conditions de germination dans la couche
superficielle du sol.

Si l'on voit subitement une pièce de terre
envahie, il vaut mieux faire le sacrifice de
la récolte en terre que de laisser venir à
maturité cette nouvelle semence, si l'on ne
peut arriver à la détruire autrement.

COURS MOYEN

DES

ENGRAIS ET MATIÈRES PREMIÈRES

	Fr.	c.		
Sulfate d'ammoniaque 20/21 0/0 d'azote français	30	»	30 jours.	Paris,
— — anglais.	29	»	—	—
Nitrate de soude 95 0/0 pureté, sacs réglés . . .	24	»	Comptant.	—
— — sacs bruts . . .	23	»	—	Dunkerque.
Chlorure de potassium des mines de Stassfurt.	19	»	—	Stassfurt.
Base 80 0/0 de sels de potasse du Nord.	21	»	—	Nord.
Sulfate de potasse, base 90 0/0 de sels de Potasse	23	»	—	—
Sulfate de fer.	6	»	60 jours.	Paris.
Sulfate de cuivre.	46	»	30 —	—
Kaïnite.	6	50	—	—
Viande desséchée non moulue 10/12 0/0. . . .	19	»	60 —	—
Viande desséchée moulue 10/12 0/0	20	»	—	—
Sang desséché non moulu 12/14 0/0.	22	»	—	—
Sang desséché moulu 12/14 0/0	23	»	—	—
Corne torréfiée moulue azote 13/15 0/0	22	50	90 —	—
Cuir torréfié moulu azote 7/9 0/0	12	50	—	—
Scories, acide phosphorique 14/16	4	»	—	—
Os dégélatinés 60/65 0/0 de { en poudre .	13	»	—	—
phosphate 1 à 1.50 0/0 d'azote, { tout-venants.	12	50	—	—
Os verts en poudre 2 à 3 azote, 40 à 45 d'acide phosphorique	12	50	—	—
Os de tabletterie en poudre	12	»	—	—
Superphosphate minéral, acide phosphorique 14/16 soluble.	8	»	—	—
Superphosphate d'os, acide phosphorique 16/18 soluble.	12	»	—	—

MANUFACTURE D'ENGRAIS CHIMIQUES

DE

VILLENEUVE-L'ARCHEVÊQUE (YONNE)

Bureaux : 10, Grande-Rue.

USINE RELIÉE PAR VOIE SPÉCIALE A' LA LIGNE DE L'EST
ET A LA RIVIÈRE L'YONNE

ENGRAIS SPÉCIAUX

POUR TOUTES CULTURES

Matières premières, Nitrate de Soude, Sulfate d'Ammoniaque, Sang, Viande, Corne, Chlorure de Potassium, Carbonate et Sulfate de Potasse, Superphosphates d'Os et Minéraux, etc., etc.

ON DEMANDE DES REPRÉSENTANTS SÉRIEUX

MANUFACTURES

D'HUILE DE PIEDS DE BŒUF, COLLES, GÉLATINES ET ENGRAIS

MAISON FONDÉE EN 1775

GIGUET-LEROY

49, rue Barbès, Petit-Ivry (Seine).

CORNE ET CUIR TORRÉFIÉS

SANG ET VIANDE DESSÉCHÉS

SULFATE D'AMMONIAQUE

POUDRE D'OS — NITRATE DE SOUDE

SUPERPHOSPHATES ET TOUTES MATIÈRES

PREMIÈRES POUR ENGRAIS

Huiles à graisser de toutes sortes.

Épuration de suifs et graisses.

Spécialité d'huile de pieds de mouton.

POUDRE DE VIANDE

POUR LA NOURRITURE

DES PORCS, VOLAILLE, BÉTAIL, CHIENS, ETC.

RECONNUE

comme la meilleure et la plus économique des nourritures

POUR FORTIFIER ET ENGRAISSER

LES PORCS, LE BÉTAIL, LA VOLAILLE, LES CHIENS, ETC.

FABRIQUÉE A FRAY-BENTOS

(Amérique du Sud)

PAR LA

Compagnie des Extraits de Viande Liebig

Voici la composition qu'en donne l'analyse :

Humidité.	6 à 8 0/0
Corps gras	18 à 20 0/0
Principes nutritifs à base d'azote. .	70 à 74 0/0
Substances inorganiques.	2 à 3 0/0

ADRESSER COMMANDES ET RENSEIGNEMENTS :

à **M. GIGUET-LEROY**, concessionnaire,

49, rue Barbès, Petit-Ivry (Seine).

P. LINET

7, *Boulevard Magenta, Paris*

Usine à Aubervilliers (Seine)

MÉDAILLE D'ARGENT A L'EXPOSITION UNIVERSELLE DE 1889

SULFATE D'AMMONIAQUE — NITRATES DE SOUDE ET DE POTASSE

Sulfate de potasse. — Chlorure de potassium.

SUPERPHOSPHATES MINÉRAUX — SUPERPHOSPHATES D'OS

Poudre d'os. — Phosphates de la Somme, de l'Auxois, de l'Oise, des Ardennes, etc.
Sang desséché. — Viande desséchée. — Phospho-Guano.

SULFATE DE CUIVRE — SULFATE DE FER — CARBONATE DE POTASSE

Formules Georges Ville

ENGRAIS COMPOSÉS DE TOUS DOSAGES
DOSAGES GARANTIS

Quoique de création récente, la Maison LINET a fourni en 1891 par sa seule usine d'Aubervilliers près de cent mille tonnes d'engrais divers. Cette fabrication énorme lui a permis de livrer les engrais à des prix inconnus jusqu'à ce jour.

La Maison LINET contribue par là, puissamment, au développement agricole.

LABORATOIRE AGRICOLE

La Maison LINET met à la disposition de tous les cultivateurs, ses clients, ainsi que de tous les lecteurs de *l'Agriculture*, le laboratoire agricole de sa vaste usine d'Aubervilliers pour analyser les produits qu'ils ont besoin de connaître. Ces analyses, comptées au prix même de revient, sont faites avec le plus grand soin.

Analyse de terre, complète. . . . . **10** fr.   »
Analyse d'engrais, par élément dosé . . . . . **2** fr. **50**

Demander des renseignements pour le prélèvement des échantillons.

ENGRAIS POUR LA VIGNE

Suivant les formules de M. G. Ville.

ENGRAIS INCOMPLET
6 KILOGRAMMES CARBONATE DE POTASSE RAFFINÉ
SUPERPHOSPHATE DE CHAUX

ENGRAIS POUR TOUTES CULTURES

P. LINET
7, Boulevard Magenta, Paris.

Adresse télégraphique : **Engrais-Paris.**

USINE A AUBERVILLIERS

Production et livraisons annuelles :
100 millions de kilogrammes.

LABORATOIRE AGRICOLE A LA DISPOSITION DE TOUS LES CULTIVATEURS

DOSAGES RIGOUREUSEMENT GARANTIS

Extrait du *Figaro* du 21 octobre 1891 :

Où peut-on se procurer avec les meilleures garanties de loyauté commerciale et de sécurité scientifique, ces engrais chimiques dont l'emploi, à en croire « Figaro », doit transfigurer non seulement l'industrie agricole, mais encore, par ricochet, toute l'économie sociale?

Il ne me sied ni ne m'agrée de donner des adresses commerciales. Cependant, en l'espèce, les intérêts en jeu sont si considérables, les sollicitations dont on m'assiège sont si pressantes, que sans engager ma responsabilité personnelle et simplement à titre documentaire, je me vois obligé de rompre pour une fois — qui ne sera pas coutume — avec des traditions systématiques et invétérées.

Sous le bénéfice de ces réserves, je ne me fais plus scrupule de dire qu'on peut trouver tous les engrais chimiques et, en particulier, l'engrais incomplet 6 kilogr. (spécial à la vigne et aux arbres fruitiers), chez M. Linet, 7, boulevard Magenta (Paris), lequel manipulant aisément, dans son usine d'Aubervilliers, 600.000 kilogrammes de matières par jour, n'a pas produit et livré moins de 100.000 tonnes d'engrais au cours de l'exercice 1890-1891.

Signé : ÉMILE GAUTHIER.

GAUTHIER

A Villeneuve-l'Archevêque (Yonne).

GRAINS ET FARINES

SEMENCES POUR TOUTES CULTURES

Prix et échantillons
à toutes personnes
qui en feront la demande.

GARANTIES ET PRIX MODÉRÉS

TABLE DES MATIÈRES

                                                               Pages.

AVANT-PROPOS III

L'AGRICULTURE 1

BESOINS DES PLANTES 5

LE FUMIER 8

Azote, nitrate de soude, sulfate d'ammoniaque, nitrate de potasse . . . . 10 à 12

MATIÈRES ORGANIQUES 12

Sang desséché, viande desséchée, cornes, cuir, chiffons de laine, bourres, poils, plumes, touraillons d'orge, débris d'insectes, les hannetons, les chrysalides de vers à soie, les pains de crétons, tourteaux de maïs . . . . 12 à 23

GUANO DU PÉROU 23

ENGRAIS DE POISSON 24

ACIDE PHOSPHORIQUE 27

Les os, os verts, farine d'os, poudre d'os de tabletterie, os dégélatinés, cendres d'os, poudre d'os des Indes, noir animal, noir de raffinerie, phosphates fossiles, scories de déphosphoration . . . . 27 à 40

POTASSE 41

Nitrate de potasse, chlorure de potassium, sulfate de potasse, sulfate de potasse et de magnésie, carbonate de potasse, kaïnit . . . . 41 à 44

LA CHAUX 44

SULFATE DE FER 45

SULFATE DE CUIVRE 46

SUPERPHOSPHATE 47

Pages.

Des assolements 57

Absorption et nutrition 78

Des céréales 86

    Seigle, froment, blé d'hiver, blé de printemps, avoine, orge . . . . 86 à   92

Prairies artificielles 92

    Luzerne, sainfoin ou esparcette, trèfle . . . 92 à   94

Platrage 94

Prairies naturelles 95

Engrais pour prairies 97

Prairies temporaires 98

Plantes, racines 98

    Betteraves à sucre, betteraves fourragères, carottes, pommes de terre, topinambours . . . . . 98 à 102

Plantes diverses 103

    Maïs, chanvre, lin, œillette, tabac . . . . 103 à 106

Vigne 106

Horticulture, jardinage, primeurs 109

    Cultures potagères, salades, arbres à pépins, arbres à noyaux, plantes florales et d'ornements, plantes à feuillages en pots, plantes à feuillages en massifs, fleurs en massifs, boutures de géraniums, rempotage des colens, bégonias, etc., tomates, engrais pour fraises . . . . . . 110 à 114

Arboriculture 115

    Noyers, arbres fruitiers 115

Soins a donner au sol 116

Cours moyen des engrais et matières premières . . . 127

PARIS. — IMP. CHAIX, RUE BERGÈRE, 20. — 29208-12-91.

IMPRIMERIE CHAIX, RUE BERGÈRE, 20, PARIS. — 29210-12-91.